Michael Hilgers

# Dieselmotor

Springer Vieweg

Michael Hilgers
Weinstadt, Deutschland

Nutzfahrzeugtechnik lernen
ISBN 978-3-658-14641-2
DOI 10.1007/978-3-658-15495-0

Die Deutsche Nationalbibliothek verzeichnet diese Publikation in der Deutschen Nationalbibliografie; detaillierte bibliografische Daten sind im Internet über http://dnb.d-nb.de abrufbar.

Springer Vieweg
© Springer Fachmedien Wiesbaden 2016

Gedruckt auf säurefreiem und chlorfrei gebleichtem Papier.

Springer Vieweg ist Teil von Springer Nature
Die eingetragene Gesellschaft ist Springer Fachmedien Wiesbaden GmbH

# Inhaltsverzeichnis

**1  Vorwort** . . . . . . . . . . . . . . . . . . . . . . . . . . . . . . . . . . 1

**2  Einleitung** . . . . . . . . . . . . . . . . . . . . . . . . . . . . . . . . . 3

**3  Dieselkraftstoff und Luft** . . . . . . . . . . . . . . . . . . . . . . . . 5
   3.1  Luft . . . . . . . . . . . . . . . . . . . . . . . . . . . . . . . . . . 7
   3.2  Das Luft-zu-Kraftstoff-Verhältnis $\lambda$ . . . . . . . . . . . . . . . . 7

**4  Der mechanische Motor** . . . . . . . . . . . . . . . . . . . . . . . . . 9
   4.1  Kurbeltrieb . . . . . . . . . . . . . . . . . . . . . . . . . . . . . 12
   4.2  Ventiltrieb und Rädertrieb . . . . . . . . . . . . . . . . . . . . . 17
   4.3  Motorbremse . . . . . . . . . . . . . . . . . . . . . . . . . . . . 18
      4.3.1  Auspuffklappe (Motorstaubremse) . . . . . . . . . . . . . 19
      4.3.2  Dekompressionsbremse . . . . . . . . . . . . . . . . . . . 19
   4.4  Schmierung . . . . . . . . . . . . . . . . . . . . . . . . . . . . . 20

**5  Die Integration des Motors ins Fahrzeug** . . . . . . . . . . . . . . . 23
   5.1  Kühlsystem . . . . . . . . . . . . . . . . . . . . . . . . . . . . . 25
   5.2  Der Motor braucht Frischluft: Luftansaugung . . . . . . . . . . . 25

**6  Kraftstoffsystem und Einspritzung** . . . . . . . . . . . . . . . . . . . 29

**7  Abgasstrang** . . . . . . . . . . . . . . . . . . . . . . . . . . . . . . . 35
   7.1  Abgasturbolader . . . . . . . . . . . . . . . . . . . . . . . . . . 35
      7.1.1  Turbocompounding . . . . . . . . . . . . . . . . . . . . . 38
   7.2  Abgasreinigung . . . . . . . . . . . . . . . . . . . . . . . . . . . 39
      7.2.1  Emissionen . . . . . . . . . . . . . . . . . . . . . . . . . 39
      7.2.2  Reduktion der Stickoxide . . . . . . . . . . . . . . . . . . 41
      7.2.3  Reduktion der Partikel im Abgas . . . . . . . . . . . . . . 43
      7.2.4  Verringerung der Kohlenwasserstoffe und des Kohlenmonoxid . . 44
      7.2.5  Kombinierte Systeme . . . . . . . . . . . . . . . . . . . . 44

**8    Thermodynamik** . . . . . . . . . . . . . . . . . . . . . . . . . . . . . . . . .  47

　8.1   Einige thermodynamische Grundlagen . . . . . . . . . . . . . . . . . . .  47

　　8.1.1   Der erste Hauptsatz der Thermodynamik . . . . . . . . . . . . .  47

　　8.1.2   Der zweite Hauptsatz der Thermodynamik . . . . . . . . . . . .  48

　8.2   Ideales Gas . . . . . . . . . . . . . . . . . . . . . . . . . . . . . . . . . . .  49

　8.3   Zustandsänderungen idealer Gase . . . . . . . . . . . . . . . . . . . . . .  51

　　8.3.1   Zustandsänderung bei konstantem Volumen – isochore Zustands-
　　　　　 änderung . . . . . . . . . . . . . . . . . . . . . . . . . . . . . . . .  51

　　8.3.2   Zustandsänderung bei konstantem Druck – isobare Zustandsände-
　　　　　 rung . . . . . . . . . . . . . . . . . . . . . . . . . . . . . . . . . . .  52

　　8.3.3   Zustandsänderung bei konstanter Temperatur – isotherme
　　　　　 Zustandsänderung . . . . . . . . . . . . . . . . . . . . . . . . . . .  52

　　8.3.4   Zustandsänderung ohne Entropieänderung – isentrope Zustands-
　　　　　 änderung . . . . . . . . . . . . . . . . . . . . . . . . . . . . . . . .  53

　8.4    Kreisprozesse . . . . . . . . . . . . . . . . . . . . . . . . . . . . . . . . . .  54

　　8.4.1   Carnotprozess . . . . . . . . . . . . . . . . . . . . . . . . . . . . . .  54

　　8.4.2   Gleichraumprozess („Ottoprozess") . . . . . . . . . . . . . . . . .  57

　　8.4.3   Gleichdruckprozess („Dieselprozess") . . . . . . . . . . . . . . .  59

　　8.4.4   Vergleich Diesel versus Benzinmotor . . . . . . . . . . . . . . . .  61

　　8.4.5   Seiligerprozess . . . . . . . . . . . . . . . . . . . . . . . . . . . . .  62

　　8.4.6   Annäherung an den realen Prozess . . . . . . . . . . . . . . . . . .  64

**Verständnisfragen** . . . . . . . . . . . . . . . . . . . . . . . . . . . . . . . . . . .  67

**Abkürzungen und Symbole** . . . . . . . . . . . . . . . . . . . . . . . . . . . . . .  69

**Literatur** . . . . . . . . . . . . . . . . . . . . . . . . . . . . . . . . . . . . . . . . .  75

**Sachverzeichnis** . . . . . . . . . . . . . . . . . . . . . . . . . . . . . . . . . . . . .  77

# Vorwort

*Für meine Kinder Paul, David und Julia,*
*die ebenso wie ich viel Freude an Lastwagen haben*
*und für meine Frau Simone Hilgers-Bach,*
*die viel Verständnis für uns hat.*

Seit vielen Jahren arbeite ich in der Nutzfahrzeugbranche. Immer wieder höre ich sinngemäß: „Sie entwickeln Lastwagen? – Das ist ja ein Jungentraum!"

In der Tat, das ist es!

Aus dieser Begeisterung heraus, habe ich versucht, mir ein möglichst vollständiges Bild der Lkw-Technik zu machen. Dabei habe ich festgestellt, dass man Sachverhalte erst dann wirklich durchdrungen hat, wenn man sie schlüssig erklären kann. Oder um es griffig zu formulieren: „Um wirklich zu lernen, muss man lehren". Daher habe ich im Laufe der Zeit begonnen, möglichst viele technische Aspekte der Nutzfahrzeugtechnik mit eigenen Worten niederzuschreiben. Das Ganze brauchte dann recht schnell eine sinnvolle Gliederung und so hat sich das Grundgerüst dieser Serie von Heften zur Nutzfahrzeugtechnik fast von selber zusammengestellt.

Das vorliegende Heft behandelt den Dieselmotor. Natürlich kann ein solches Übersichtsheft den Dieselmotor nicht umfänglich beschreiben. Das Thema Dieselmotor füllt – zu recht – ganze Bibliotheken. Wenn es um Details und wissenschaftliche Tiefe geht, so bitte ich den Leser, sich der Spezialliteratur zuzuwenden. Die wichtigsten Aspekte des Dieselmotors sind hier zusammengestellt. Ich bin überzeugt, dass die Lektüre dieses Heftes erstens hilfreich ist um einen Überblick zu gewinnen, welche Aspekte wichtig sind und zweitens dem interessierten Leser den Einstieg in die unüberschaubare vertiefende Literatur erleichtern wird.

Die meisten Passagen dieses Heftes sind mit gesundem Menschenverstand und etwas Schulmathematik verständlich. Der Abschnitt über Thermodynamik hingegen beinhaltet etwas mehr Formeln. Die anderen Abschnitte greifen aber auf die Informationen aus der

© Springer Fachmedien Wiesbaden 2016
M. Hilgers, *Dieselmotor*, Nutzfahrzeugtechnik lernen, DOI 10.1007/978-3-658-15495-0_1

Thermodynamik nicht zurück, so dass der von den Formeln abgeschreckte Leser diesen Abschnitt auf später vertagen oder gänzlich überblättern kann.

Der lernende Leser wird in diesem Text einen guten Einstieg finden und möge sich durch dieses Heft angesprochen fühlen, die Nutzfahrzeugtechnik als spannendes Betätigungsfeld zu entdecken. Ich bin darüber hinaus überzeugt, dass das vorliegende Heft auch dem Technikfachmann aus benachbarten Disziplinen von Mehrwert sein wird, der über den Tellerrand schauen möchte und einen kompakten und gut verständlichen Abriss sucht.

Das wichtigste Ziel dieses Textes ist es, dem Leser die Faszination der Lastwagentechnik nahezubringen und beim Lesen Freude zubereiten. In diesem Sinne wünsche ich Ihnen, lieber Leser, viel Spaß beim Lesen, Querlesen und Schmökern.

An dieser Stelle bedanke ich mich bei meinen Vorgesetzten und zahlreichen Kollegen in der Lkw-Sparte der Daimler AG, die mich bei der Realisierung dieser Serie unterstützt haben. Für wertvolle Hinweise bedanke ich mich besonders bei Herrn Dr. Andreas Köngeter und Herrn Emmanuel Routier, die den Text zur Korrektur gelesen haben. Beim Springer Verlag bedanke ich mich für die freundliche Zusammenarbeit, die zu dem vorliegenden Ergebnis geführt hat.

Zu guter Letzt noch eine Bitte in eigener Sache. Es ist mein Wunsch diesen Text kontinuierlich weiterzuentwickeln. Dazu ist mir Ihre Hilfe, liebe Leser, hochwillkommen. Fachliche Anmerkungen und Verbesserungsvorschläge bitte ich an folgende E-Mail-Adresse zu senden: hilgers.michael@web.de. Je konkreter Ihre Bemerkungen sind, umso leichter werde ich sie nachvollziehen und gegebenenfalls in zukünftige Auflagen integrieren können. Sollten Sie inhaltliche Ungereimtheiten oder gar Fehler entdecken, so bitte ich Sie, mir diese auf dem gleichen Wege mitzuteilen.

Und jetzt viel Spaß wünscht Ihnen,

März 2016
Weinstadt-Beutelsbach
Stuttgart-Untertürkheim
Aachen
*Michael Hilgers*

# Einleitung

**2**

Der klassische Motor des Nutzfahrzeuges ist der Diesel-Verbrennungsmotor. Im Verbrennungsraum des Motors wird Diesel mit Luft verbrannt. Dabei wird die chemische Energie des Diesels zunächst in Wärme und diese Wärme in mechanische Energie umgewandelt.

Der Verbrennungsmotor ist der Treiber schlechthin für individuelle Mobilität und preisgünstigen Transport. Daher beschäftigen sich seit der zweiten Hälfte des 19. Jahrhunderts ungezählte Firmen, Ingenieure und Erfinder mit dem Verbrennungsmotor. Dementsprechend zahlreich sind die verschiedenen Ausführungsarten von Verbrennungsmotoren. Entsprechend vielfältig und umfangreich – geradezu unüberschaubar – ist auch die Literatur zum Verbrennungsmotor.

Eine Heftreihe über Nutzfahrzeuge ist ohne Beitrag über den Motor undenkbar. Um aber den Umfang nicht zu sprengen, wird in diesem Heft nur der mit Diesel betriebene Hubkolbenmotor im Viertaktprinzip angesprochen, der als Reihenmotor oder als V-Motor dargestellt ist. Diese Bauart hat sich im Nutzfahrzeug durchgesetzt.

Für Informationen zu anderen Motorkonzepten wie Zweitakter und Rotationskolbenmaschinen (Wankelmotor) oder Erläuterungen zu anderen geometrischen Anordnungen des Hubkolbenmotors wie beispielsweise Sternmotor und Boxermotor wird auf die umfangreiche Literatur zum Thema Verbrennungsmotor verwiesen. Noch exotischere Konzepten wie Kugelmotor [11] oder Taumelscheibenmotor findet der interessierte Leser in der Literatur aber im Allgemeinen nicht im modernen Nutzfahrzeug.

Abb. 2.1 erläutert die vier Takte des Verbrennungsprozesses im Viertakt-Dieselmotor.

Beim Mehrzylindermotor durchlaufen die einzelnen Zylinder die verschiedenen Takte zeitversetzt, so dass ein Zylinder gerade Arbeit verrichtet, während die anderen Zylinder mechanische Energie benötigen.

**Im ersten Takt wird die Luft angesaugt.** Der Kolben bewegt sich nach unten und durch das geöffnete Einlassventil (beim modernen Vierventilmotor durch beide Einlassventile) strömt die Luft in den Brennraum. Durch den Turbolader ist die Luft zusätzlich komprimiert, so dass mehr Luft in den Zylinder gelangt als beim reinen Saugmotor. Er-

© Springer Fachmedien Wiesbaden 2016
M. Hilgers, *Dieselmotor*, Nutzfahrzeugtechnik lernen, DOI 10.1007/978-3-658-15495-0_2

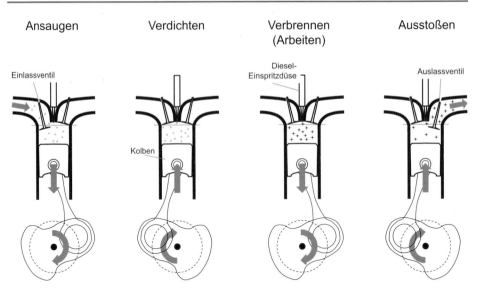

**Abb. 2.1** Die vier Takte des Viertaktprozesses

reicht der Kolben den unteren Totpunkt, so ist die Ansaugphase beendet und das Einlassventil wird geschlossen.

Im **zweiten Takt wird die Luft verdichtet** durch den nach oben eilenden Kolben. Die dazu erforderliche Energie stammt aus der Schwungenergie des drehenden Motors und der Arbeit, die einer der anderen Zylinder verrichtet. Durch die Verdichtung wird die Luft erwärmt. Am Ende des Verdichtungstaktes wird beim Dieselmotor der Kraftstoff in den Brennraum eingespritzt. In der verdichteten Luft entzündet sich der Dieselkraftstoff selbstständig (daher der Begriff „Selbstzünder" für den Dieselmotor) und der **dritte Takt** beginnt: Das explodierende Gas treibt den Kolben nach unten: Es wird mechanische Arbeit verrichtet. Am unteren Totpunkt kehrt der Kolben um und **schiebt im vierten Takt das Abgas aus dem Brennraum heraus**. Dazu werden die Auslassventile geöffnet.

# Dieselkraftstoff und Luft

Als erstes wenden wir uns dem Energieträger zu: Dem Dieselkraftstoff.

Diesel – wie auch Benzin – hat eine hohe Energiedichte, lässt sich problemlos tanken und mitführen und ist praktisch überall verfügbar.

Dieselmotoren sind in der Regel sparsamer und langlebiger als Benziner; außerdem ist Dieselkraftstoff (in vielen Ländern) preisgünstiger als Benzin. Daher hat sich der dieselbetriebene Verbrennungsmotor für Nutzfahrzeuge durchgesetzt. Eine Verdrängung des Dieselmotors im Lkw durch andere Technologien ist zumindest mittelfristig nicht zu erwarten (siehe [7]).

Diesel ist ein Gemisch aus verschiedenen Kohlenwasserstoffen, die im Temperaturbereich von 150 bis 390 Grad bei der Destillation von Erdöl abgeschieden werden.

Die Hauptbestandteile des Dieselkraftstoffes sind vorwiegend Alkane, Cycloalkane und aromatische Kohlenwasserstoffe. Alkane sind Kohlenwasserstoffketten ohne Mehrfachbindungen ($C_nH_{2n+2}$). Cycloalkane sind ringförmige Alkane ($C_nH_{2n}$) und aromatische Kohlenwasserstoffe sind Moleküle, die eine ringförmige Struktur aufweisen und Doppelbindungen beinhalten.

Die Kohlenwasserstoffmoleküle des Diesels haben etwa 9 bis 22 Kohlenstoffatome.

Die Eigenschaften von Dieselkraftstoff sind in den europäischen Vorschriften 2003/17/EC und EN590 definiert. Weltweit vereinheitlichte Dieselstandards gib es nicht. In einigen Ländern sind insbesondere deutlich höhere Schwefelanteile und höhere Wasseranteile im Diesel vorzufinden als in Europa. Schlechter Dieselkraftstoff kann dem Fahrzeug schaden. Die empfindlichsten Systeme bezüglich Kraftstoffqualität sind bei heutigen Fahrzeugen die Abgasnachbehandlung – anspruchsvolle Abgasgrenzwerte sind nur mit hochwertigen Kraftstoffen zu erreichen – und das Einspritzsystem.

Die Menge Kohlendioxid, die bei der Verbrennung eines Liters Diesel freigesetzt wird, lässt sich folgendermaßen abschätzen: 1 Liter Diesel entspricht circa 0,838 kg Diesel – siehe Tab. 3.1. Auf ein Kohlenstoffatom des Diesels kommen etwa 2 Wasserstoffatome. Summarisch können wir die Verbrennung des Diesels folgendermaßen schreiben (in der Realität verbrennt ein Gemisch von Kohlenwasserstoffmolekülen und jedes Molekül hat

© Springer Fachmedien Wiesbaden 2016
M. Hilgers, *Dieselmotor*, Nutzfahrzeugtechnik lernen, DOI 10.1007/978-3-658-15495-0_3

**Tab. 3.1** Eigenschaften des Dieselkraftstoffes

| Diesel | Wert | Anmerkung |
|---|---|---|
| Dichte | 0,838 kg/l | 0,82–0,845 kg/l |
| Räumlicher Wärmeausdehnungskoeffizient | $0,95 \cdot 10^{-3}\,K^{-1}$ | bei 20 °C |
| Heizwert | 42,6 MJ/kg | 39–43,2 MJ/kg |
| Kohlendioxidemission bei Verbrennung | 2,65 kg/l | |
| Schallgeschwindigkeit in Diesel | ca. 1400 m/s | bei 20 °C, Normalluftdruck |

eine eigene stöchiometrische Verbrennungsgleichung):

$$2\,C_nH_{2n} + 3n\,O_2 \rightarrow 2n\,CO_2 + 2n\,H_2O \tag{3.1}$$

Kohlenstoff hat eine molare Masse von 12 g/mol und Wasserstoff hat eine molare Masse von ungefähr 1 g/mol, damit ist der Gewichtsanteil des Kohlenstoffs im Diesel etwa 12/14. Aus 12 g Kohlenstoff ergeben sich bei der Verbrennung 44 g Kohlendioxid (Kohlendioxid ergibt sich aus 2 Atomen Sauerstoff mit einer molaren Masse von je 16 g/mol und einem Atom Kohlenstoff mit 12 g/mol). Damit erhält man den Kohlendioxidausstoß pro Liter Diesel:

$$0,838\,\text{kg/l} \cdot \underbrace{\left(\frac{12}{14}\right)}_{\text{Masse C/C+H}} \cdot \underbrace{\left(\frac{44}{12}\right)}_{\text{Masse } CO_2/C} = 2,63\,\text{kg/l} \tag{3.2}$$

Die mit dieser Abschätzung ermittelte Zahl kommt nahe an den in der Literatur üblichen Wert von 2,65 kg/l[1].

Diesel wird bei niedrigen Temperaturen zähflüssig und die Zündwilligkeit verringert sich. Allerdings kann die Nutzbarkeit des Diesels bei niedrigen Temperaturen durch Zusatzstoffe – sogenannte Additive – verbessert werden. Auch können die Wintereigenschaften des Diesels im Raffinerieprozess beeinflusst werden. Bessere Wintereigenschaften des Diesels bedeuten aber in der Regel eine geringere Dieselausbeute in der Raffinerie und damit erhöhte Herstellungskosten.

Neben dem klassischen fossilen Dieselkraftstoff aus Erdöl gibt es zahlreiche Dieselkraftstoffe aus Biomasse [7]. Diese unterscheiden sich in ihren physikalischen und chemischen Eigenschaften untereinander und von fossilem Dieselkraftstoff [9].

Dieselkraftstoff aus Mineralöl kann mit aus Biomasse hergestelltem Diesel gemischt werden. In Deutschland ist Diesel mit einem Biodieselanteil von 7 % (sogenannter B7-Diesel) seit 2009 Standardkraftstoff für Fahrzeuge mit Dieselantrieb.

---

[1] Für Benzin mit einer Dichte von 0,75 kg/l und einem Verhältnis der Kohlenstoff/Wasserstoffatome von circa 6 zu 14 erhält man

$$0,75\,\text{kg/l} \cdot \frac{(6 \cdot 12)}{(6 \cdot 12 + 14 \cdot 1)} \cdot \frac{44}{12} = 2,3\,\text{kg/l} \tag{3.3}$$

**Tab. 3.2** Luft

| Diesel | Wert | Bemerkung |
|---|---|---|
| Dichte | 1,293 kg/m³ | unter Normbedingungen |
| Schallgeschwindigkeit | 331,5 m/s | unter Normbedingungen |
| $c_p$ | 1,005 kJ/kg K | Spez. Wärmekapazität isobar |
| $c_V$ | 0,718 kJ/kg K | Spez. Wärmekapazität isochor |
| Molmasse | 29 g/mol | |
| Hauptbestandteile (ungefährer Massenanteil) | | |
| Anteil Stickstoff $N_2$ | 76 % | 28 g/mol |
| Anteil Sauerstoff $O_2$ | 23 % | 32 g/mol |
| Anteil Argon Ar | 1 % | 40 g/mol |

## 3.1 Luft

Zur Verbrennung des Dieselkraftstoffes bedarf es des Sauerstoffes. Dieser wird als Bestandteil der Luft dem Brennraum zugeführt. Luft besteht zu circa 23 % aus Sauerstoff. Eigenschaften der Luft listet Tab. 3.2 auf.

## 3.2 Das Luft-zu-Kraftstoff-Verhältnis $\lambda$

Um zu beschreiben, in welchem Verhältnis Luft und Kraftstoff im Brennraum vorhanden sind, definiert man die Luftzahl $\lambda$. $\lambda$ ist das Massenverhältnis der tatsächlich vorhandenen Luft zu der Luftmasse, die erforderlich wäre, um den Kraftstoff stöchiometrisch zu verbrennen. Stöchiometrisch heißt, dass alle Brennstoff-Moleküle vollständig mit dem Luftsauerstoff reagieren, ohne dass Sauerstoff übrig bleibt, der nicht an der Reaktion teilgenommen hat.

$$\lambda = \frac{m_{\text{Luft}}}{m_{\text{Luft, Stöchiometrie}}} \tag{3.4}$$

Bei $\lambda = 1$ entspricht die tatsächlich vorhandene Luft der stöchiometrisch erforderlichen Luftmenge, um gerade eben eine vollständige Verbrennung zu ermöglichen.

$\lambda > 1$ bedeutet Luftüberschuss. Es liegt mehr Luft vor, als erforderlich wäre, um (bei idealer Verbrennung) allen Kraftstoff umzusetzen. Man spricht von „magerem" Gemisch.

$\lambda < 1$ bedeutet Luftmangel. Es liegt nicht genügend Luft vor, um den gesamten Kraftstoff vollständig zu verbrennen. Man spricht von „fettem" Gemisch.

Die Stöchiometrie des Luft-Kraftstoffgemisches ist wichtig, um den Motor möglichst effizient zu betreiben (aller Kraftstoff wird verbrannt) und die Entstehung von Schadstoffen zu unterbinden (siehe Abschn. 7.2.1.1) Insbesondere beim Dieselmotor kann das Gemisch lokal deutlich unterschiedliche Luftzahlen aufweisen.

# Der mechanische Motor

**4**

Das Kernstück des Motors ist der Motorblock oder Zylinderblock. Er beherbergt den Kurbeltrieb.

Unter dem Motorblock sitzt die Ölwanne. Auf dem Motorblock sitzt der Zylinderkopf bzw. die Zylinderköpfe: Es gibt Motorkonzepte mit Einzelzylinderköpfen und solche mit

**Abb. 4.1** Explosionsdarstellung eines Nutzfahrzeugmotors, des OM936 von Mercedes-Benz. Hier ist die Lkw-Variante gezeigt, ein konventionell „stehender" Motor. Abb. 4.2 zeigt die Variante für den liegenden Einbau im Bus. Foto: Daimler AG

© Springer Fachmedien Wiesbaden 2016

M. Hilgers, *Dieselmotor*, Nutzfahrzeugtechnik lernen, DOI 10.1007/978-3-658-15495-0_4

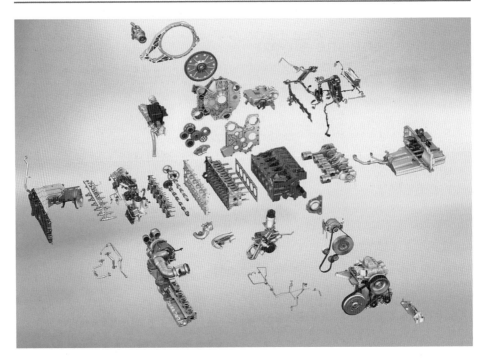

**Abb. 4.2** Explosionsdarstellung des OM936 von Mercedes-Benz für den liegenden Einbau im Bus. Foto: Daimler AG

einteiligen Zylinderköpfen. Neue Motorkonzepte für Lkw-Motoren haben in der Regel einteilige Zylinderköpfe. Mit dem einteiligen Zylinderkopf baut der Motor kürzer.

Abb. 4.1 zeigt einen modernen Nutzfahrzeugmotor, der seit 2012 in Serie ist und mit dem passenden Abgasnachbehandlungssystem für die Abgasstufe Euro VI geeignet ist. Es handelt sich um einen Reihen-Sechszylinder mit einteiligem Zylinderkopf, mit 4 Ventilen pro Zylinder und zwei obenliegenden Nockenwellen. Der Rädertrieb, der die Nockenwelle antreibt sitzt bei diesem Motor hinten (andere Nutzfahrzeugmotoren haben ihren Rädertrieb vorne). Abgasführung mit Turbolader und AGR-Kühler sind auf der Abbildung als relativ prominente Bauteile erkennbar. Beim Reihenmotor bietet es sich an, auf einer Seite des Motors die Frischluftzufuhr anzubringen, und auf der anderen Seite das Abgas zu sammeln und Turbolader sowie Abgasrückführung zu realisieren. Man spricht von der „warmen" Seite des Motors (dort wo das Abgas geführt ist) und der „kalten" Seite des Motors (Frischluftseite).

Für den Einbau in speziellen Fahrzeugen werden häufig Derivate eines Motors geschaffen. So zeigt Abb. 4.2 eine Variante des Motors aus Abb. 4.1. Der Motor ist für den „liegenden" Einbau modifiziert, um in der Höhe weniger Bauraum zu benötigen. Damit eignet sich der Motor für den speziellen Bauraum eines Busses. Die liegende Verwendung erfordert einige Modifikationen. Insbesondere das Schmiersystem muss geändert werden.

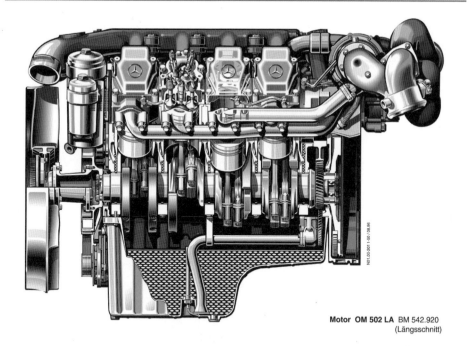

**Motor  OM 502 LA**  BM 542.920
(Längsschnitt)

**Motor  OM 502 LA**  BM 542.920
(Querschnitt)

**Abb. 4.3**  Graphische Darstellung eines V-Motors mit innenliegender Nockenwelle. Es handelt sich um den Motor OM502 von Mercedes-Benz, der in schweren Nutzfahrzeugen in großer Zahl Verbreitung gefunden hat. Dieser Motor ist im Laufe der Jahre über mehrere Abgasstufen bis einschließlich Euro V weiterentwickelt worden. Abbildung: Daimler AG

Die Abb. 4.3 zeigt einen konzeptionell knapp 20 Jahre älteren V-Motor mit acht Zylindern, die jeweils über einen separaten Zylinderkopf (Einzelzylinderkopf) verfügen. Die Nockenwelle liegt „unten" (nicht im Zylinderkopf) und treibt über Stößelstangen die Ventile an. Deutlich erkennbar ist, dass die Anordnung der Zylinder im V eine kurze Bauart der Motors erlaubt: Jeweils zwei Pleuel sitzen nebeneinander und greifen an einer Kröpfung der Kurbelwelle an. Aufgrund der V-Anordnung weitet sich der Motor nach oben hin, wie im Querschnitt sichtbar ist. Bauartbedingt braucht der V-Motor auf beiden Seiten des Motors Abgasrohre um das Abgas aus den Zylindern zu führen. Im gezeigten Beispiel wird das Abgas nach hinten zum Turbolader geführt. Die Schläuche und Rohre der Frischluftversorgung liegen auf dem Motor („im V") und beatmen beide Zylinderbänke.

## 4.1   Kurbeltrieb

Der Kurbeltrieb setzt die Expansion des Verbrennungsgases in eine Drehbewegung um. Das expandierende Gas drückt den Kolben im Zylinder in Richtung Kurbelwelle. Über die Pleuelstange und die gekröpfte Kurbelwelle wird die Linearbewegung des Kolbens in eine Rotation umgewandelt. In Abb. 4.4 ist der Kurbeltrieb gezeigt. Links sind die wichtigsten Bauteile an einem realen Motor benannt, rechts sind die wichtigsten geometrischen Größen eingezeichnet. Der hier gezeigte Kurbeltrieb ist die einfachste Form des Kurbeltriebs wie man ihn in heutigen Nutzfahrzeugmotoren findet.

Mit den Größen aus Abb. 4.4 lässt sich der Kolbenabstand vom oberen Totpunkt $s(\phi)$ aus dem Kurbelwellenwinkel $\phi$ berechnen. Bei $\phi = 0$ ist $x' = l$ und $x'' = r$ und damit $s(\phi) = 0$; der Kolben ist am oberen Totpunkt.

$$s(\phi) = l + r - x'' - x' \tag{4.1}$$

$$= l + r - r \cdot \cos\phi - \sqrt{l^2 + r^2 \cdot \sin^2\phi} \tag{4.2}$$

$$= r\left[1 + \frac{1}{r} - \cos\phi - \sqrt{\left(\frac{l^2}{r^2}\right) - \sin^2\phi}\right] \tag{4.3}$$

Es wird das Schubstangenverhältnis oder Pleuelstangenverhältnis $\lambda_s$ definiert:

$$\lambda_s = \frac{r}{l} \tag{4.4}$$

Ein kleines $\lambda_s$ heißt, dass die Pleuellänge l groß ist und die Kröpfung der Kurbelwelle r kurz ist. Durch r wird der Hub des Motors bestimmt.

Die Gl. 4.3 kann leicht mit Hilfe des Pleuelstangenverhältnisses dargestellt werden:

$$s(\phi) = r\left[1 - \cos\phi + \frac{1}{\lambda_s}\left(1 - \sqrt{1 - \lambda_s^2 \sin^2\phi}\right)\right] \tag{4.5}$$

**a**                                                                **b**

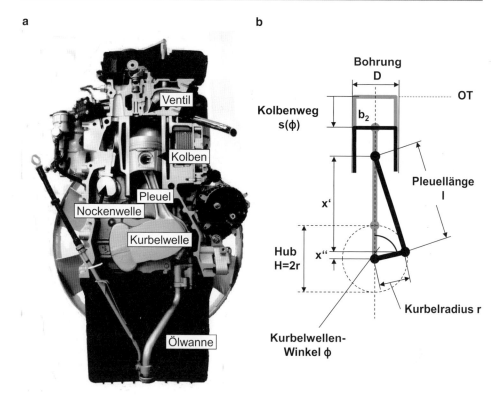

**Abb. 4.4  a** Schnitt durch den Dieselmotor Mercedes-Benz OM926. Foto: Michael Hilgers. **b** Wichtige geometrische Größen des Triebwerks

Das momentane Zylindervolumen ergibt sich bei einem Zylinder mit kreisrunder Grundfläche zu

$$V(\phi) = V_K + \pi \frac{D^2}{4} s(\phi) \qquad (4.6)$$

Hierbei ist D der Durchmesser des Zylinders, der in der Motorensprache Bohrung genannt wird. $V_K - V_{min}$ (K steht für Kompression) bezeichnet das Restvolumen im Zylinder, das verbleibt, wenn der Kolben am oberen Totpunkt angelangt ist.

Der Gesamtraum im Zylinder, wenn der Kolben am unteren Totpunkt angelangt ist, bildet sich aus dem Hubvolumen $V_H$ und dem Kompressionsvolumen $V_K$:

$$V_{max} = V_K + V_H = V_K + \pi \frac{D^2}{4} \cdot 2 \cdot r \qquad (4.7)$$

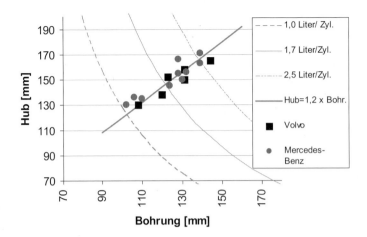

**Abb. 4.5** Verhältnis von Hub zu Bohrung für verschiedene moderne Nutzfahrzeugmotoren. Die *durchgezogene Linie* kennzeichnet ein Verhältnis Hub zu Bohrung von 1,2. Die *gestrichelten Linien* zeigen die Hub-Bohrung-Kombinationen für bestimmte Zylindervolumina

Man definiert die Verdichtung des Motors $\epsilon$ zu:[1]

$$\epsilon = \frac{V_K + V_H}{V_K} = \frac{V_{max}}{V_{min}} \tag{4.8}$$

Der gesamte Hubraum des Motors ergibt sich aus der Zylinderzahl z und dem Zylinderhubraum $V_M = z \cdot V_H$.

Eine wichtige geometrische Kenngröße des Motors ist das Verhältnis von Bohrung zu Hub, also das Verhältnis von Kolbendurchmesser zur maximalen Strecke, die der Kolben vom oberen Totpunkt zum unteren Totpunkt zurücklegt. In Abb. 4.4 ist erkennbar, dass der Hub H dem zweifachen Kurbelradius r entspricht. Es hat sich im Motorenbau für Nutzfahrzeuge ein Verhältnis von Hub zu Bohrung von etwa 1,2 etabliert – siehe Abb. 4.5.

Um Kolbengeschwindigkeit und Kolbenbeschleunigung anzugeben, wird häufig Gl. 4.5 genähert. Für kleine x gilt die folgende Taylorreihenentwicklung:

$$\sqrt{1 - x} = 1 - \frac{1}{2}x + \frac{1}{8}x^2 - \dots \tag{4.9}$$

---

[1]  $\epsilon$ – sprich: „Epsilon".

Damit kann man Gl. 4.5 nach $\lambda_s$ entwickeln und erhält unter Anwendung[2] der Gleichung $2 \sin^2 x = 1 - \cos(2x)$:

$$\frac{s}{r} = 1 - \cos\phi + \frac{1}{\lambda_s}\left(1 - \sqrt{1 - \lambda_s^2 \sin^2\phi}\right) \tag{4.10}$$

$$\approx 1 - \cos\phi + \frac{1}{\lambda_s}\left(1 - \left(1 - \frac{1}{2}\lambda_s^2 \sin^2\phi\right)\right) \tag{4.11}$$

$$= 1 - \cos\phi + \frac{1}{\lambda_s}\left(\frac{\lambda_s^2}{2}\sin^2\phi\right) \tag{4.12}$$

$$= 1 - \cos\phi + \frac{\lambda_s}{4}\left(1 - \cos(2\phi)\right) \tag{4.13}$$

Die Kolbenbeschleunigung ergibt sich mit der Winkelgeschwindigkeit $\omega = d\phi/dt$ zu:

$$\frac{d^2 s}{dt^2} = r\omega^2\left(\cos\phi + \lambda_s \cos(2\phi)\right) \tag{4.14}$$

Einer Beschleunigung entspricht immer eine wirkende Kraft. Man spricht hier von den sogenannten Massenkräften. Die Massenkräfte weisen zwei Anteile auf: Der „Anteil erster Ordnung" $F_1$ rotiert mit der Kurbelwellendrehzahl und der „Anteil zweiter Ordnung" $F_2$ rotiert mit der doppelten Kurbelwellenfrequenz[3].

$$F_1 = m \cdot r\omega^2 \cos\phi \tag{4.15}$$

$$F_2 = m \cdot r\omega^2 \lambda_s \cos(2\phi) \tag{4.16}$$

Die bewegte Masse der Bauteile geht in die Massenkräfte linear ein, so dass es zur Reduktion der Massenkräfte wünschenswert ist, möglichst leichte Kolben und Pleuel zu verwenden. Die Drehzahl $\omega$ geht quadratisch ein. Dreht der Motor schneller, so steigen die Massenkräfte deutlich an.

Beim Reihensechszylindermotor und auch beim V6-Motor und V8-Motor wird die Kröpfung der Kurbelwelle so vorgenommen, dass die Massenkräfte der einzelnen Kolben sich aufheben und die resultierende Massenkraft des Gesamttriebwerks verschwindet. Beim Reihenvierzylinder ist dies nicht möglich. Es treten Massenkräfte zweiter Ordnung auf. Daraus resultiert der im Vergleich zu 6-Zylinder-Motoren unruhigere Lauf der 4 Zylinder-Motoren.

Durch zusätzlichen konstruktiven Aufwand lassen sich 4- und 5-Zylinder-Motoren beruhigen: Ausgleichswellen, die von der Kurbelwelle angetrieben werden, rotieren in einem festen Verhältnis zur Motordrehzahl (einfache oder doppelte Motordrehzahl). Diese Ausgleichswellen erzeugen mit Unwuchtgewichten gezielt zusätzliche Massenkräfte,

---

[2] Es gilt $2 \sin^2 x = \sin^2 x + \cos^2 x + \sin^2 x - \cos^2 x = 1 - (\cos^2 x - \sin^2 x) = 1 - \cos(2x)$ In der letzten Umformung kommt eines der Additionstheoreme zur Anwendung.
[3] In der Realität existieren weitere Massenkräfte höherer Ordnung. Diese sind durch die Annäherung in Gl. 4.11 abgeschnitten.

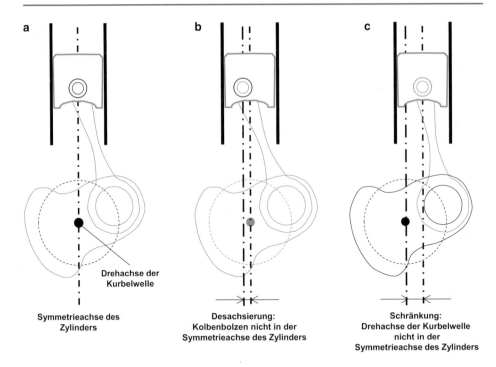

**Abb. 4.6** Desachsierung und Schränkung: **a** ist ein symmetrischer Kurbeltrieb gezeigt: Rotations-achse der Kurbelwelle, Symmetrieachse des Zylinders und die Drehachse des Kolbens auf dem Pleuel liegen auf einer Linie. In der Darstellung **b** ist der Kolbenbolzen aus der Symmetrieachse des Zylinders herausgeschoben: Desachsierung. Die Desachsierung ist zur besseren Anschauung deut-lich übertrieben dargestellt. **c** liegt die Rotationsachse der Kurbelwelle nicht in der Symmetrieachse des Zylinders: Man spricht von Schränkung

die sich den Massenkräften, des Kurbeltriebs so überlagern, dass die resultierende Ge-samtmassenkraft reduziert ist oder ganz verschwindet. Dadurch werden Schwingungen und Motorgeräusch reduziert.

**Schränkung und Desachsierung**

Der Kolben liegt im Zylinder nicht genau symmetrisch an der Zylinderwand an: Inner-halb des Kolbenspiels wird er durch das schräg verlaufende Pleuel einseitig stärker an die Zylinderwand gedrückt. Am oberen Totpunkt kippt der Kolben zur anderen Seite. Die-ses Umkippen fällt zusammen mit dem hohen Verbrennungsdruck am oberen Totpunkt (OT). Eventuell ist es günstig für Verschleiß, Geräuschentwicklung und Verbrauch des Motors den Wechsel der Anlageseite des Kolbens nicht am oberen Totpunkt stattfinden zu lassen. Dazu desachsiert man den Kolben: Der Kolbenbolzen (Kippachse des Kolbens) wird aus der Symmetrieachse des Zylinders leicht herausgeschoben. Abb. 4.6 illustriert die Desachsierung[4].

Die Schränkung ist eine weitere Möglichkeit den Kurbeltrieb geometrisch zu optimieren: Bei Schränkung des Kurbeltriebes ist die Rotationsachse der Kurbelwelle (Kurbelwellenlagerung) gegenüber der Symmetrieachse des Zylinders verschoben.

Kompliziertere Kurbeltriebe mit Kreuzkopf (Schiffsdiesel mit sehr großem Hub) sind im Nutzfahrzeugbereich nicht üblich.

## 4.2  Ventiltrieb und Rädertrieb

Die Ventile öffnen und schließen sich synchron zu den Verbrennungstakten des Motors, um Frischluft in den Brennraum strömen zu lassen und die Verbrennungsabgase aus dem Brennraum austreten zu lassen. Heutige Motoren sind mit hängenden Ventilen ausgeführt, dass heißt, dass die Ventile oberhalb des Brennraums liegen und sich bei der Öffnung in den Brennraum hineinbewegen. Man spricht von OHV-Motoren[5].

Eine rotierende mit Nocken bewehrte Welle ist für die Öffnung der Ventile zuständig: die sogenannte Nockenwelle. Abb. 4.7 zeigt mehrere Arten der Ventilbetätigung durch die Nockenwelle. Im einfachsten Falle drückt der Nocken über einen sogenannten Tassenstößel direkt auf das Ventil, das sich nach unten in den Brennraum bewegt, und eine Öffnung freigibt. Dreht sich der Nocken weiter, so wird das Ventil von der Ventilfeder wieder zurückgezogen und in den Ventilsitz gedrückt. Beim Schwinghebel und beim Kipphebel wirkt der Nocken auf einen Hebel und dieser drehbar gelagerte Hebel bewegt das Ventil. Der Hebel erlaubt es ein zusätzliches Übersetzungsverhältnis zwischen Nockenhöhe und Ventilhub zu realisieren. Die Form des Nockens bestimmt die Öffnungskurve des Ventils. Befindet sich die Nockenwelle über dem Brennraum im Zylinderkopf, so spricht man von obenliegender Nockenwelle (OHC[6]). Sitzt die Nockenwelle nicht im Zylinderkopf (sondern im Kurbelgehäuse) so wird der Nockenhub über Stoßstangen weitergegeben – Abb. 4.7d).

Die Abb. 4.3 und 4.4 zeigen einen Motor mit untenliegender Nockenwelle. Der Kanal durch den die Stoßstange nach oben läuft ist gut zu erkennen. Die Abb. 4.1 und 4.2 zeigen einen Motor mit obenliegender Nockenwelle.

Die Nockenwelle des Ventiltriebs ist direkt mechanisch mit der Kurbelwelle verbunden, so dass sich Ventile und Kurbelwelle immer in einem festen Verhältnis zueinander bewegen. Beim Viertaktmotor müssen die Ventile bei jeder zweiten Umdrehung einmal öffnen, so dass zwischen Kurbelwellendrehzahl und Nockenwellendrehzahl ein Übersetzungverhältnis von zwei zu eins erforderlich ist. Den Antrieb der Nockenwelle (und anderer Bauteile) übernimmt der sogenannte Rädertrieb. Es gibt Motoren, bei denen der

---

[4] Man findet statt Desachsierung auch die Schreibweise Desaxierung.
[5] OHV = overhead valve (engl.) = obenliegende Ventile.
[6] OHC = overhead camshaft (engl.) = obenliegende Nockenwelle.

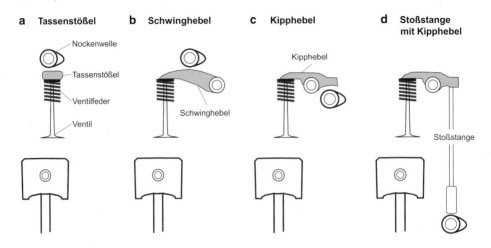

**Abb. 4.7** Verschiedene Varianten der Ventilbetätigung bei modernen Motoren mit hängenden Ventilen (OHV = overhead valves)

Rädertrieb an der Stirnseite in Fahrtrichtung vorne angebracht ist und andere bei denen sich der Rädertrieb auf der Hinterseite (in Fahrtrichtung) befindet.

Pro Brennraum benötigt man mindestens ein Einlass- und ein Auslassventil. Um den Gaswechselvorgang im Brennraum zu erleichtern, werden zwei Einlass- und zwei Auslassventile eingesetzt. Man spricht vom Vierventilmotor[7]. Der konstruktive Aufwand ist zwar deutlich höher als bei Zweiventilmotoren, aber die Vorteile beim Füllen und Leeren der Zylinder sind so dominant, dass schon seit einigen Jahren praktisch alle Nfz-Motoren vier Ventile pro Zylinder aufweisen.

## 4.3   Motorbremse

Motorbremssysteme sind Dauerbremssysteme, die dazu geeignet sind, die Betriebsbremse zu entlasten.

Neben der Motorbremse ist der Retarder ein weiteres System, dass eine (nahezu) verschleißfreie Dauerbremsung ermöglicht. Es gibt Retarder die nach dem Wirbelstromprinzip funktionieren und solche die hydrodynamisch den Reibwiderstand eines Rotors in einer Flüssigkeit nutzen [5]. Retarder sind in der Regel nicht Bestandteil des Motor.

Motorbremssysteme erhöhen den Drehwiderstand des Motors und verzögern so das Fahrzeug. Sie wirken nur, wenn der Motor mit der Achse verbunden ist, d. h. wenn die Kupplung geschlossen ist und ein Gang eingelegt ist. Je niedriger der eingelegte Gang ist, desto stärker ist die Abbremsung durch das Motorbremsmoment.

---

[7] Die tatsächliche Anzahl der Ventile ist viel höher und ergibt sich aus der Zahl der Ventile pro Zylinder (vier beim Vierventiler) multipliziert mit der Anzahl der Zylinder.

## 4.3.1  Auspuffklappe (Motorstaubremse)

Ein Pneumatik-Zylinder oder ein elektrischer Steller schließt bei der Motorstaubremse eine Drosselklappe im Auspufftrakt des Motors. Dadurch entsteht ein Gegendruck, der die Kolben des Motors im 4. Takt (Ausschiebe-Takt) behindert das Gas aus dem Zylinder auszustoßen. Die Kolben werden abgebremst. Damit wird das Fahrzeug verzögert. Der Druck im Abgaskanal darf bestimmte Grenzen nicht übersteigen, da sonst die Gefahr besteht, dass der Druck aus dem Auslasskanal auf den Tellerrücken der Auslassventile wirkt und diese unkontrolliert in den Brennraum öffnet. Dies begrenzt die maximal mögliche Bremswirkung der Auspuffklappe.

## 4.3.2  Dekompressionsbremse

Wenn der Motor im Bremsbetrieb unbefeuert mitrotiert, wird die Motorbewegung (und das Fahrzeug) abgebremst, wenn das Gas im Zylinder vom Kolben komprimiert wird (Verdichtungstakt). Bei der Entspannung des Gases (Kolben eilt wieder nach unten) wird die ins Gas eingebrachte Energie (zum Teil) wieder zurück in die Bewegung gesteckt. Um das Bremsmoment des Motors zu erhöhen, ist man bestrebt, die Kompressionsarbeit im folgenden Takt des Motors nicht wieder zurück in die Bewegungsenergie fließen zu lassen. Um dies zu bewerkstelligen, muss man am Ende des Verdichtungstaktes den Druck im Zylindergas abbauen, d. h. dekomprimieren. Damit wird verhindert, dass im Expansionstakt nennenswert Arbeit zurück an die Kurbelwelle abgegeben wird.

### 4.3.2.1  Dekompression über die Auslassventile

Die Dekompression des Gases am Ende des Verdichtungstrakts kann man erzeugen, wenn man am Ende des Verdichtungstrakts die Auslassventile (oder separat dafür im Zylinderkopf vorgehaltene Ventile) öffnet. Hierfür werden am Ende des Verdichtungstakts die Auslassventile oder ein zusätzlich eingebautes Ventil geöffnet und damit der Druck im Zylinder abgebaut (dekomprimiert). Dadurch kann im Expansionstakt keine Arbeit mehr an die Kurbelwelle abgegeben werden, da die für die Kompression aufgewendete Energie durch das Entspannen bereits abgeführt wurde. Dieses Bremssystem wird umgangssprachlich häufig „Jake Brake" genannt. Die plötzliche Dekompression der Luft erzeugt laute Geräusche. Diese müssen durch geeignete Schalldämpfer und Kapseln abgedämpft werden.

### 4.3.2.2  Konstantdrossel

Die Konstantdrossel ist ein zusätzliches Ventil mit kleinem Querschnitt, das während des gesamten Motorbremsbetriebs geöffnet bleibt. Die Dekompression des verdichteten Gases im Zylinder erfolgt kontinuierlich. Die ständig geöffnete Konstantdrossel reduziert die Bremswirkung im Kompressionstakt etwas. Der Querschnitts des Konstantdrossel-Ventils ist deutlich kleiner als der Querschnitt der Gaswechsel-Ventile. Dies ist zum einen dem

Platzmangel im Zylinderkopf geschuldet, zum anderen wird dadurch die (unerwünschte) Reduzierung der Bremswirkung in der Kompressionsphase nicht zu groß. Dadurch, dass die Konstantdrossel während des gesamten Motorbremsbetrieb geöffnet bleibt, ist die mechanische Umsetzung recht einfach.

## 4.4   Schmierung

Der Ölkreislauf des Motors sorgt dafür, dass aufeinander beweglich ablaufende Flächen ausreichend geschmiert werden. Es werden beispielsweise die Lager der Kurbelwelle, die Nockenwellenlager und die Mechanik der Ventilhebel mit Öl versorgt. Auch der Turbolader und der Rädertrieb wird selbstverständlich beölt.

Die Förderung des Motoröls übernimmt die Ölpumpe, die mechanisch vom Triebwerk angetrieben wird. Variable Ölpumpen, deren Pumpvolumen veränderbar ist, kommen zum Einsatz, um die Leistungsaufnahme der Ölpumpe zu reduzieren und damit den Kraftstoffverbrauch zu verringern.

Das Öl wird im Ölkreislauf zur Filterung durch einen Ölfilter geschickt. Der Ölfilter verfügt über einen Überdruckbypass, der sich öffnet, wenn vor dem Ölfilter der Druck ansteigt. Damit wird sichergestellt, dass durch einen zugesetzten Ölfilter die Ölversorgung nicht zusammenbricht. Um lange Standzeiten des Ölfilters zu gewährleisten, versucht der Filterhersteller eine möglichst große aktive Filterfläche zu erzielen. Das Filtermedium ist daher kunstvoll gefaltet und verschachtelt.

Nach unten verschließt die Ölwanne den Motor. In der Ölwanne sammelt sich das Motoröl. Abb. 4.8 zeigt die Schmierstoffkanäle, den Ölfilter, die Ölpumpe die Ölwanne und andere ölführende Teile eines Nutzfahrzeugmotors.

Neben der Schmierfunktion übernimmt der Ölkreislauf auch eine Kühlfunktion: Der Ölkreislauf führt Wärme aus besonders heißen Gebieten des Motors ab. Aus Ölspritzdüsen wird der Kolbenboden von unten mit Öl gekühlt. Das Motoröl erwärmt sich auf seiner Reise durch den Motor und wird im Ölkühler wieder abgekühlt.

Der Ölkreislauf eines Fernverkehrs-Nutzfahrzeugmotors ($\approx 12\,l$ Hubraum) hat ein beachtliches Volumen von rund 30 Litern. Der Ölkreislauf beinhaltet einige Liter Öl, die auch beim Ölwechsel nicht vollständig entfernt werden. Daher muss bei der Erstbefüllung des Motors in der Produktion die Ölmenge um einige Liter größer sein, als die Menge des Öls, die beim Ölwechsel im Service eingefüllt wird (Servicemenge).

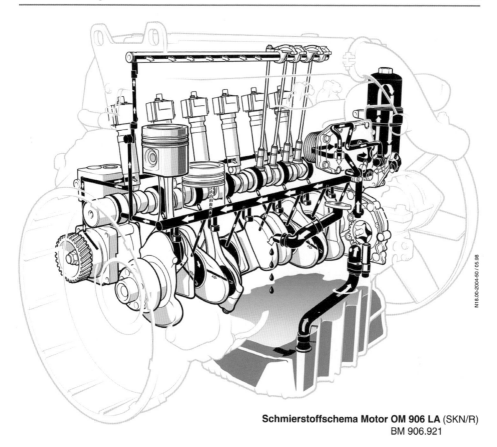

N18.00-2004-50 / 05.98

**Schmierstoffschema Motor OM 906 LA** (SKN/R)
BM 906.921

**Abb. 4.8** Schmierstoffschema des Motors OM906. Darstellung: Daimler AG

# Die Integration des Motors ins Fahrzeug 5

Der Dieselmotor muss in das Fahrzeug integriert werden. Er hat zahlreiche Anschluss-stellen mit anderen Fahrzeugsystemen, wie Abb. 5.1 schematisch zeigt. Für jede dieser Schnittstellen wird in der Fahrzeugentwicklung definiert, welche Anforderungen die je-weils verbundenen Systeme an diese Schnittstelle stellen.

Eine definierte Schnittstelle erlaubt es, den Motor an den Triebstrang anzuflanschen. Die mechanische Bewegung des Motors wird weitergegeben über die Kupplung an das Getriebe (siehe [5]). Die mechanische Verbindung zwischen dem Motor und dem Ge-triebe mit Kupplung ist standardisiert, so dass Getriebe von verschiedenen Hersteller an verschiedene Motoren angeschlossen werden können.

Des Weiteren stellt der Motor den mechanischen Antrieb verschiedener Nebenverbrau-cher sicher. So werden zum Beispiel Luftpresser, Lenkhelfpumpe und Klimakompressor über den Riementrieb des Motors angetrieben.

Die Motorlager oder Triebstranglager nehmen das Gewicht des Motors auf und leiten es in den Rahmen des Fahrzeugs ein. Um Vibrationen des Motors im Normalbetrieb ab-zudämpfen (NVH-Isolation) und Schüttelbewegungen des Motors beispielsweise in der Startphase abzufedern, weisen die Motorlager ein dämpfendes Elastomerelement auf.

Motor, Anbauteile und die Leitungen, die den Motor an das Fahrzeug anschließen, müssen im zur Verfügung stehenden Bauraum untergebracht werden. Man spricht vom so-genannten „Packaging". Dies stellt beim Frontlenker-Fahrzeug eine durchaus anspruchs-volle Aufgabe dar: Unter dem Fahrerhaus ist nur überschaubar viel Platz, den sich der Motor mit Fahrwerkskomponenten wie Achse, Federung und Lenkung auch noch teilen muss.

Der Motor muss an die Luftansaugung angeschlossen sein, sowie an den Abgasstrang, der die Abgase durch die Abgasnachbehandlungsanlage nach außen führt.

Es sind Hin- und Rückleitungen erforderlich, um den Kraftstoff zum Motor zu trans-portieren und den Kraftstoffüberschuss wieder zum Tank zurückzuleiten. Des Weiteren ist der Motor an das Kühlsystem angeschlossen. Neben der Kühlung per Kühlflüssigkeit trägt die Spülluft, die insbesondere während der Fahrt durch den Motorraum strömt, eben-

© Springer Fachmedien Wiesbaden 2016

M. Hilgers, *Dieselmotor*, Nutzfahrzeugtechnik lernen, DOI 10.1007/978-3-658-15495-0_5

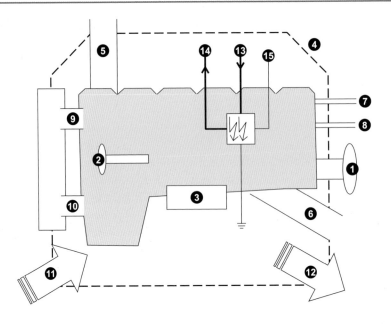

1 Antrieb des Triebstrangs

2 Antrieb Nebenverbraucher
  z.B. Luftpresser, Lenkhelfpumpe,
  Klimakompressor

3 Mechanische Lagerung

4 Packaging

5 Luftzufuhr

6 Abgas

7 Kraftstoffzufuhr

8 Kraftstoffrückfluss

9 Eintritt Kühlflüssigkeit

10 Austritt Kühlflüssigkeit

11 Spülluft in den Motorraum

12 Austritt Umgebungsluft

13 Elektronischer Dateninput

14 Elektronischer Datenoutput

15 Elektrische Versorgung

**Abb. 5.1** Schematische Darstellung der zahlreichen Schnittstellen zwischen Motor und Fahrzeug

falls zur Kühlung bei. Diese Spülluft streicht anschließend unter dem Fahrzeug entlang. Dies hat zur Konsequenz, dass recht warme Luft auf Fahrzeugkomponenten trifft, die hinter dem Motor beispielsweise am Rahmen angebracht sind. Bei der Integration des Motors ins Fahrzeug muss also berücksichtigt werden, dass die Abwärme des Motors keine schädlichen Auswirkungen auf andere Fahrzeugbestandteile hat. Dazu wird – wenn erforderlich – der Luftzug unter dem Fahrerhaus gezielt geleitet.

Die Motorelektronik ist mit der Fahrzeugelektronik verbunden, braucht doch das Motorsteuergerät zahlreiche Informationen des Fahrzeugs. Dazu gehört an erster Stelle sicher der Fahrerwunsch: Welche Motorleistung möchte der Fahrer gerade gerne abrufen? Aber auch Daten wie Informationen über den Zustand anderer Fahrzeugsysteme oder aber die Außentemperatur werden im Motorsteuergerät verarbeitet.

## 5.1 Kühlsystem

Über 50 % der Energie des Dieselkraftstoffes wird als Wärme freigesetzt. Diese Wärme wird im Wesentlichen über das Abgas (rund 30 % der Gesamtenergie) und die Kühlung des Motors (rund 20 % der Gesamtenergie) abgeführt [6]. Daher ist ein leistungsfähiges Kühlsystem erforderlich. Abb. 5.2 zeigt schematisch das Kühlsystem des Motors.

Die Kühlleitungen sind zum Teil als Hohlräume und Bohrungen in Zylinderkopf und Motorblock ausgeführt. Weitere Leitungen werden durch Kühlwasserrohre und Schläuche am Motor realisiert. Die Zirkulation des Kühlwassers wird durch die Wasserpumpe sichergestellt. Bei der Leitungsführung ist es wichtig sogenannte „Totwassergebiete" zu vermeiden; dies sind Areale in denen das Kühlwasser nicht in Bewegung ist, sondern steht.

Bei Fahrzeugen mit hydrodynamischem Retarder wird in der Regel auch die Wärmeenergie, die durch die Bremsung mit dem Retarder entsteht, über das Kühlsystem des Motors abgeführt.

## 5.2 Der Motor braucht Frischluft: Luftansaugung

Wie weiter oben schon angesprochen, braucht der Motor für die Verbrennung Sauerstoff. Dieser kommt aus der Luft, mit denen die Zylinder des Motors befüllt werden. Die Luftansaugung stellt die erforderliche Luft bereit.

Der Luftbedarf eines Verbrennungsmotors ist enorm, wie folgende Überlegung zeigt: Dreht ein 12 Liter Motor mit 1500 Umdrehungen pro Minute, so pumpt dieser Motor (da pro Umdrehung die Hälfte der Zylinder mit Luft gefüllt wird) in der Minute 9000 Liter Luft: 12 Liter $\cdot$ 0,5 $\cdot$ 1500 U/Min = 9000 Liter/Min[1]. Hierbei ist noch nicht berücksichtigt, dass durch die Turboaufladung tatsächlich mehr Luft in die Zylinder gedrückt wird, als die 12 Liter des Hubvolumens.

Der geometrischen Gestaltung der Luftansaugung wird eine hohe Aufmerksamkeit geschenkt: Der Luftansaugkanal muss einen hinreichend großen Querschnitt aufweisen, um die Luftreibung in der Ansaugung zu minimieren. So wird die Energie, die erforderlich ist, die Luft durch den Einsaugkanal zu befördern, reduziert. Letztlich muss diese Energie nämlich vom Dieselmotor aufgebracht werden. Ein ausreichend dimensionierter Querschnitt der Luftansaugung reduziert des Weiteren die Einströmgeschwindigkeit der Luft. Hohe Einströmgeschwindigkeiten der Luft begünstigen das Mitreißen von Wasser und Staub und sind daher unerwünscht.

---

[1] Zum Vergleich: Der Mensch macht circa 15 Atemzüge pro Minute mit einem Atemvolumen von 3 Litern pro Atemzug. Damit kommt man auf einem Luftdurchsatz von 45 Litern pro Minute.

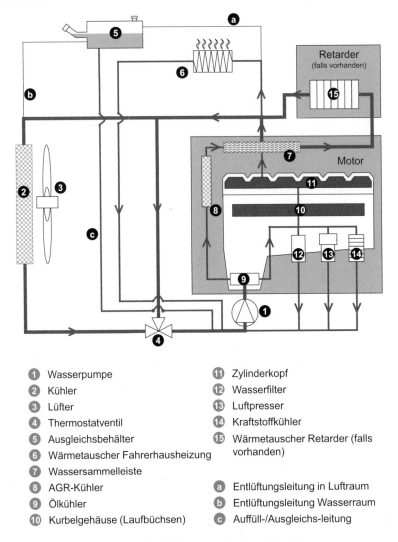

**Abb. 5.2**  Schematische Darstellung des Kühlsystems in einem Nutzfahrzeug

Die Luftansaugung erfolgt häufig an der Fahrzeugfront unter der Windschutzscheibe. Gerne wird die Öffnung der Luftansaugung weit oben am Fahrzeug platziert, da dort die Luft weniger Staub (von der Straße) aufweist. Abb. 5.3 zeigt zwei Varianten des Luftansaugkanals.

Die Luft, die in den Motor gelangt, muss sauber sein. Größere Fremdkörper, wie zum Beispiel Laubblätter oder aus vorausfahrenden Fahrzeugen herausgeworfene Zigarettenstummel werden vor dem eigentlichen Luftfilter durch Netze zurückgehalten. Größere Mengen Wasser dürfen ebenfalls nicht über die Luftansaugung aufgenommen werden.

**Abb. 5.3** Ausführungen des Luftansaugkanals. *Links*: Luftansaugung seitlich am Fahrerhaus; *rechts*: Luftansaugung hinter dem Fahrerhaus. Beide hier gezeigten Varianten saugen die Luft weit oben am Fahrerhausdach an. Fotos: Daimler AG

Diese Feuchtigkeit muss schon vor dem Luftfilter (um diesen zu schützen) auch bei regnerischem Wetter oder bei der Fahrzeugreinigung zuverlässig abgeschieden werden.

Die angesaugte Luft wird durch einen Luftfilter gefiltert. Das Filterelement muss hin und wieder ausgetauscht werden. Um die Filterbeladung zu ermitteln, misst man den Druckunterschied der Luft vor und nach dem Filter. Übersteigt dieser Druckunterschied einen Schwellenwert, so ist das Filterelement „voll" und muss ausgewechselt werden. Teilweise kann der Kunde als Sonderausstattung ein größeres Filterelement wählen, so dass sich das Wechselintervall des Filters vergrößert.

Der Luftansaugkanal ist an der Kabine befestigt – siehe Abb. 5.3. Der Luftfilter ist in der Regel am Fahrgestell befestigt. Daher gibt es im Luftansaugkanal eine flexible Übergabestelle, die die Bewegungsdifferenzen zwischen Fahrerhaus und Fahrgestell ausgleicht. Diese Übergabestelle ist so gestaltet, dass der Ansaugkanal sich auftrennt, wenn das Fahrerhaus gekippt wird.

Nach dem Luftfilter wird die Luft dem Motor zugeführt. Es wird angestrebt, dass die Geschwindigkeitverteilung der Luft über den Querschnitt des Luftkanals möglichst homogen ist. Der Wirkungsgrad des Turboladers beim Verdichten der Reinluft profitiert von einer homogenen Geschwindigkeitsverteilung.

Die Luft für die Verbrennung soll möglichst kühl (hohe Dichte) in den Brennraum gelangen. Daher wird sie in der Regel nach der Verdichtung durch den Turbolader im Ladeluftkühler abgekühlt. Unterstützend versucht man mit möglichst kühler Umgebungsluft zu starten und gestaltet die Lage und die Öffnung der Luftansaugung so, dass nicht nur saubere sondern auch möglichst kühle Luft angesaugt wird.

# Kraftstoffsystem und Einspritzung

6

Das Kraftstoffsystem besteht aus einem Niederdruckteil und einem Hochdruckteil. Der Niederdruckteil besteht aus dem Kraftstoffbehälter (Tank), einer Kraftstoffförderpumpe, dem Kraftstofffilter und den Niederdruckleitungen. Der Kraftstofffilter im Niederdruck-Kraftstoffsystem filtert Partikel aus dem Kraftstoff heraus. Für den Betrieb in Ländern mit höherem Wasseranteil im Diesel-Kraftstoff wird ein zusätzlicher Wasserabscheider vor dem Haupt-Kraftstofffilter eingesetzt. Der Wasserabscheider muss zum einen das Wasser aus dem Diesel entfernen, zum anderen ist auch wichtig, dass das abgeschiedene Wasser einen möglichst geringen Restanteil an Kohlenwasserstoffen enthält, damit das abgeschiedene Wasser problemlos entsorgt werden kann.

Der Hochdruckteil – das eigentliche Einspritzsystem – beginnt bei der Hochdruckpumpe. Gegebenenfalls erforderliche Hochdruckleitungen und die Einspritzdüsen (Injektoren) bringen den unter Druck stehenden Dieselkraftstoff in den Brennraum. Heute übliche moderne Dieselmotoren arbeiten mit Direkteinspritzung im Gegensatz zu älteren Motoren, bei denen der Dieselkraftstoff in eine Vorkammer oder Wirbelkammer eingespritzt wurde. Die Einspritzung erfolgt kurz vor dem oberen Totpunkt (OT). Abb. 6.1 zeigt ein Schema des Kraftstoffsystems für einen Nutzfahrzeugmotor.

Die Einspritzung des Dieselkraftstoffes in den Zylinder ist einer der Schlüssel zu einem effizienten und sauberen Motor.

Das Einspritzsystem hat die Aufgabe, die gewünschte Menge Dieselkraftstoff einzuspritzen, und den Einspritzvorgang so zu gestalten, dass eine gute Durchmischung des Kraftstoffes und der Luft im Brennraum erfolgt.

Optimierungsziele, die mit der Einspritzung beeinflusst werden, sind zum Beispiel

- die Einhaltung von Geräusch- und Abgasgrenzwerten,
- optimale Kraftstoffeffizienz,
- hohe Leistung,
- gut dosierbare Leistungsentfaltung,

© Springer Fachmedien Wiesbaden 2016

M. Hilgers, *Dieselmotor*, Nutzfahrzeugtechnik lernen, DOI 10.1007/978-3-658-15495-0_6

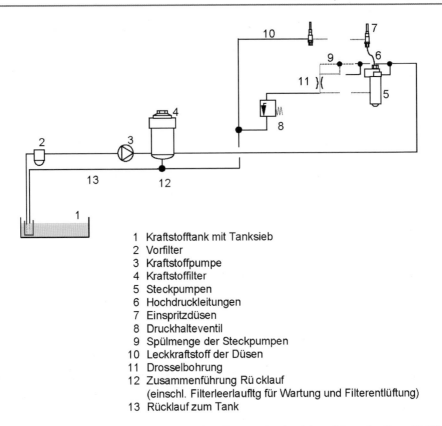

1 Kraftstofftank mit Tanksieb
2 Vorfilter
3 Kraftstoffpumpe
4 Kraftstoffilter
5 Steckpumpen
6 Hochdruckleitungen
7 Einspritzdüsen
8 Druckhalteventil
9 Spülmenge der Steckpumpen
10 Leckkraftstoff der Düsen
11 Drosselbohrung
12 Zusammenführung Rücklauf
   (einschl. Filterleerlaufltg für Wartung und Filterentlüftung)
13 Rücklauf zum Tank

**Abb. 6.1** Schematische Darstellung des Kraftstoffystems für den Motor Mercedes-Benz OM906. Der Hochdruckteil arbeitet beim hier gezeigten System mit einem Pumpe-Leitung-Düse-Einspritzsystem (PLD) – siehe Text. Darstellung: Daimler AG

- ein „schönes" Verbrennungsgeräusch (kein „Nageln") und
- ein runder Motorlauf.

**Möglichste hohe Einspritzdrücke** sorgen dafür, dass man in kurzer Zeit die gewünschte Dieselmenge einbringen kann[1]. Durch den hohen Einspritzdruck wird der Kraftstoff fein zerstäubt und wirkungsvoll im Brennraum verteilt. Dadurch erzielt man eine gleichmäßige und vollständige Verbrennung.

Die exakte Festlegung des **Verlaufs der Einspritzung** und der Teileinspritzungen erlauben es, den Verbrennungsvorgang im Zylinder optimal zu gestalten. Eine Voreinspritzung beispielsweise sorgt dafür, dass zum Zeitpunkt der Zündung schon eine gewisse

---

[1] Die trivialste untere Grenze für den Einspritzdruck ergibt sich aus dem Kompressionsdruck. Dieser muss zunächst überwunden werden, damit sich überhaupt Diesel in den Zylinder einspritzen lässt. Die obere Grenze des Einspritzdrucks ist eher technischer Natur und wird laufend nach oben verschoben.

Menge an sehr gut vermischtem Kraftstoff-Luft-Gemisch vorhanden ist. Dadurch erfolgt der Verbrennungsverlauf „weicher", das Motorgeräusch ist angenehmer und es entstehen weniger unverbrannte Kohlenwasserstoffe. Die Haupteinspritzung sollte nicht zu früh erfolgen, um die Bildung von thermischen Stickoxiden möglichst zu vermeiden. Nacheinspritzungen werden zum Beispiel verwendet, um eine möglichst vollständige und damit rußfreie Verbrennung zu gewährleisten. Auch wird der Einspritzverlauf verändert, um temporär die Abgastemperatur zu erhöhen und dadurch die Regeneration eines Dieselpartikelfilters durchzuführen – diese Technik begegnet uns noch einmal im Abschnitt über Abgasreinigung 7.2.

### Hochdruckpumpe
**Die mechanische Reiheneinspritzpumpe**, oder auch Blockeinspritzpumpe, ist über viele Jahrzehnte eine bewährte Bauart der Hochdruckpumpe gewesen. In der Pumpe rotiert eine vom Motor mechanisch durch Steuerräder oder Ketten angetriebene Nockenwelle mit der halben Motordrehzahl. Die Nocken der Nockenwelle bewegen kleine Kolben in der Reiheneinspritzpumpe, die den Kraftstoff unter hohem Druck über Hochdruckleitungen zu den Einspritzdüsen im Zylinderkopf leiten. Pro Zylinder weist die Reiheneinspritzpumpe einen Nocken und einen Förderkolben auf. Die Einspritzdüsen im Zylinderkopf öffnen, wenn die Reiheneinspritzpumpe die Düse mit Druck beaufschlagt. Um die Einspritzmenge regeln zu können, sind die Förderkolben drehbar. Eine Einfräsung im Kolben ist so gestaltet, dass je nach Drehstellung des Kolbens, unterschiedlich viel Dieselkraftstoff mit einem Hub gefördert wird.

    **Die Verteilereinspritzpumpe** besitzt nur ein Pumpenelement für alle zu versorgenden Zylinder. Der unter Druck stehende Kraftstoff wird durch eine rotierende Verteilmimik der Reihe nach zu den einzelnen Auslässen der Einspritzpumpe geleitet.

    Verteilereinspritzpumpen und Reiheneinspritzpumpen erfüllen die Anforderungen an Einspritzsysteme für moderne Dieselmotoren nicht mehr.

    Aktuelle Nutzfahrzeugmotoren haben entweder ein Commonrail-System (siehe unten) oder **Einzelpumpensysteme**.

    Bei der Einzeleinspritzpumpe (manchmal Steckpumpe genannt) besitzt jeder Zylinder eine eigene Pumpeneinheit, die mechanisch durch den Motor (Nockenwelle) angetrieben wird.

    Beim Pumpe-Düse-System (PD, Unit Injector System UIS) sind Pumpe und Düse in einer Baugruppe integriert. Beim Pumpe-Leitung-Düse-System (PLD, Unit Pump System UPS) sind Pumpe und Düse räumlich getrennt und nicht in einem Bauteil integriert. Zwischen Pumpe und Düse ist eine kurze Hochdruckleitung erforderlich. Die Trennung von Pumpe und Düse erlaubt zusätzlichen konstruktiven Freiraum, erfordert aber zusätzliche Teile und die Leitung führt zu einem unerwünschten Druckverlust. Bei V-Motoren mit untenliegender Nockenwelle lassen sich die Pumpen zum Beispiel gut in der Mitte des Motors verstauen. Eine kurze Leitung führt zur Düse im Zylinderkopf. Der Einspritzbeginn und die Einspritzmenge wird bei PD- und PLD-Systemem über ein elektronisch angesteuertes Magnetventil geregelt.

Die modernsten Einspritzsysteme sind **Commonrail-Systeme**. Vor dem Hintergrund immer weiter steigender Anforderungen an die Einpritzung haben sich diese Systeme flächendeckend durchgesetzt. Commonrail-Systeme weisen eine gemeinsame Hochdruckpumpe für alle Zylinder auf. Diese Hochdruckpumpe erzeugt in einer gemeinsamen Speicherleitung (dem common rail[2]) kontinuierlich einen hohen Druck. Das Speichervolumen des Commonrail entkoppelt die Druckerzeugung von der Einspritzung. Zu jedem Zylinder führt eine Verteilerleitung, an deren Ende der Injektor sitzt. Ein Magnetventil im Injektor öffnet sich elektronisch gesteuert und lässt die gewünscht Dieselmenge in den Brennraum einströmen. Commonrail-Systeme erlauben es, den Einspritzverlauf sehr genau festzulegen, und den Einspritzvorgang in mehrere Teileinspritzungen zu zerlegen.

Modernste Commonrail-Systeme betreiben einen zweistufigen Druckaufbau. Die erste Druckstufe besteht aus der beschriebenen Hochdruckpumpe, die in der Speicherleitung ein hohes Druckniveau bereitstellt. Im Injektor erfolgt eine weitere Druckerhöhung, so dass maximale Einspritzdrücke im Bereich von 2500 bis 3000 bar möglich sind.

Verschiedene Einspritzsysteme sind in [3] erläutert und schematisch dargestellt.

**Einspritzdüse**

Die Einspritzung des Kraftstoffes in den Brennraum erfolgt durch die Düse. Moderne Einspritzdüsen stellen hohe Anforderungen an die Präzision der Fertigung. Die Zahl der Einspritzlöcher sowie Form und Richtung des Einspritzstrahls beeinflussen im Zusammenspiel mit der Form des Brennraums die Verbrennung.

Bei älteren Systemen wird die Öffnung der Einspritzdüse über den mechanischen Druck des Kraftstoffes gesteuert. Übersteigt der Kraftstoffdruck den Düsenöffnungsdruck, so wird die Düsennadel gegen eine Federkraft verschoben und der Kraftstoff tritt aus der Düse aus. Sinkt der Kraftstoffdruck so presst die Feder die Düse wieder in den Düsensitz und die Dieseleinspritzung bricht ab. Bei Systemem mit druckgesteuerten Einspritzdüsen muss der Druckaufbau synchron zur Drehung des Motors erfolgen.

Bei modernen Systemen wird die Düse – hydraulisch unterstützt – durch ein Magnetventil geöffnet, das elektrisch aktiviert wird. Dadurch erhält man die oben angesprochenen zahlreichen Gestaltungsmöglichkeiten: Einspritzzeitpunkt und Einspritzverlauf je nach Betriebspunkt des Motors zu variieren.

Wichtig ist, dass die Düse nach Abschluss des Einspritzvorgangs sicher schließt, um zu vermeiden, dass die heißen Verbrennungsgase in die Düse eindringen.

Damit moderne Einspritzsysteme über einen langen Zeitraum zuverlässig arbeiten und der Motor lange kraftstoffeffizient und emissionsarm funktioniert, erfordern die Einspritzsysteme qualitativ hochwertigen Dieselkraftstoff [10].

**Spritzverzug und Zündverzug**

Weist das Einspritzsystem eine nennenswerte Leitungslänge zwischen Injektor und Hochdruckpumpe auf, so entsteht ein beachtenswerter Zeitverzug zwischen Druckaufbau und

---

[2] common rail (engl.) = gemeinsame „Schiene".

Einspritzung, da sich die Druckwelle im Dieselkraftstoff mit Schallgeschwindigkeit fort-
pflanzt. Der Zeitverzug ist geometrisch vorgegeben und immer gleich, der Drehwinkel,
den die Kurbelwelle in diesem Zeitraum zurücklegt, ist aber drehzahlabhängig. Deswegen muss die traditionelle Hochdruckpumpe bei hohen Drehzahlen früher drücken als bei
niedrigen Drehzahlen, um sicherzustellen, dass die Einspritzung beim gleichen Kurbelwellenwinkel, beziehungsweise bei der gleichen Kolbenposition, erfolgt. Die drehzahl-
abhängige Variation des Zeitpunktes des Druckaufbaus nennt man „Spritzverzug". Bei
modernen Commonrail-Systemen ist die relevante Laufstrecke des Druckaufbaus (vom
Ventil zur Düsenspitze) kürzer, so dass das Problem des Spritzverzugs stark reduziert ist.

Der „Zündverzug" beschreibt die Zeitspanne zwischen dem Beginn der Einspritzung
und dem Beginn der Verbrennung im Brennraum. Der Zündverzug ergibt sich dadurch,
dass die Vermischung des Diesels mit der Luft eine gewisse Zeit beansprucht, die Er-
wärmung des Gemischs eine kurze Zeitspanne dauert und die chemische Reaktion zuerst
zaghaft beginnt und erst nach einiger Zeit eine regelrechte explosive Verbrennung stattfindet. Der Zündverzug wird bestimmt von der Qualtität des Kraftstoffes (Cetanzahl), der
Temperatur von Luft und Brennraum und der Gemischbildung. Bei der Gemischbildung
spielt wiederum die Einspritzdüse, der Einspritzdruck, die Luftbewegung und die Geometrie des Brennraums (Kolbenboden) eine wichtige Rolle. Da niedrige Temperaturen den
Zündverzug verlängern, wird der Einspritzbeginn bei kaltem Motor/kalter Luft vorverlegt.

# Abgasstrang

**7**

Das Abgas, das im vierten Takt aus dem Brennraum ausgestoßen wird, wird durch den Zylinderkopf über den Abgaskrümmer aus dem Motor herausgedrückt. Das ausgestoßene Abgas beinhaltet beim Verlassen der Brennräume noch wertvolle Energie. Diese zu nutzen ist die Aufgabe des Abgasturboladers. Heutige Dieselmotoren haben grundsätzlich (mindestens) einen Abgasturbolader, man spricht von aufgeladenen Motoren[1].

Nach dem oder den Turboladern verlässt das Abgas den eigentlichen Motor. Es wird durch die Abgasnachbehandlungsanlage geleitet, in der die Abgase gereinigt werden, um den strengen Abgasvorschriften für Fahrzeuge genüge zu tun (siehe Tab. 7.1).

Die sogenannten Rohemissionswerte des Motors, dass heißt die Schadstoffkonzentration, die in den Abgasen herrscht, wenn diese den Motor verlassen, und die Leistungsfähigkeit der Abgasanlage müssen aufeinander abgestimmt sein, damit das Gesamtsystem die Abgasgrenzwerte erfüllt. Bevor die gereinigten Abgase das Fahrzeug verlassen, durchströmen sie den Endschalldämpfer, der den Schallpegel reduziert, der über die Abgasanlage nach außen dringt.

## 7.1 Abgasturbolader

Beim Turbolader wird das Abgas aus dem Motor über eine Turbine geleitet, die vom Abgasstrom angetrieben, mit hoher Drehzahl rotiert.

Auf der gleichen Achse wie die Turbine sitzt ein Verdichterrad. Dieses befindet sich im Frischluftpfad des Motors. Das Verdichterrad komprimiert die Ansaugluft des Motors.

---

[1] Nicht aufgeladenen Motoren – sogenannte Saugmotoren – saugen die Verbrennungsluft an, indem die zurücklaufenden Kolben einen Unterdruck erzeugen und Luft in die Brennräume saugen. Die Luftmenge, die auf diese Weise in den Zylinder gelangt, ist limitiert. Um eine größere Menge Luft im Brennraum zur Verfügung zu haben, setzt man den Turbolader ein.

© Springer Fachmedien Wiesbaden 2016
M. Hilgers, *Dieselmotor*, Nutzfahrzeugtechnik lernen, DOI 10.1007/978-3-658-15495-0_7

**Tab. 7.1** Abgasgesetzgebung in Europa. Die Darstellung der Daten folgt im Wesentlichen [21]

| | Euro 0 | Euro I | Euro II | Euro III | | Euro IV | | Euro V | | Euro VI | |
|---|---|---|---|---|---|---|---|---|---|---|---|
| Gültig | | | | | | | | | | | |
| (Homologation) | 1988/90 | 1992/93 | 1995/96 | | | 10/2005 | | 10/2008 | | 01/2013 | |
| (Registrierung) | | | | 2000/01 | | 10/2006 | | 10/2009 | | 01/2014 | |
| Testzyklen | ECE R-49 | | | ESC | ETC | ESC | ETC | ESC | ETC | WHSC | WHTC |
| Grenzwert $NO_x$ g/kWh | – | 8 | 7,0 | 5,0 | 5,0 | 3,5 | 3,5 | 2,0 | 2,0 | 0,4 | 0,46 |
| Grenzwert PM mg/kWh | – | 360[a] | 150 | 100 | 160 | 20 | 30 | 20 | 30 | 10 | 10 |
| Grenzwert CO g/kWh | 11,2 | 4,9 | 4,0 | 2,1 | 5,45 | 1,5 | 4,0 | 1,5 | 4,0 | 1,5 | 4 |
| Grenzwert HC g/kWh | 2,4 | 1,23 | 1,1 | 0,66 | – | 0,46 | – | 0,46 | – | – | – |
| Grenzwert NMHC g/kWh | – | – | – | – | 0,78 | – | 0,55 | – | 0,55 | – | 0,16 |
| Rauch(ELR) $1/m^3$ | – | – | – | 0,8 | – | 0,5 | – | 0,5 | – | – | – |
| Partikelzahl #$10^{11}$/kWh | – | – | – | – | – | – | – | – | – | 8 | 6 |
| Grenzwert $NH_3$ ppm | – | – | – | – | – | – | – | – | – | 10 | 10 |

[a] für Motorleistungen > 85 kW.

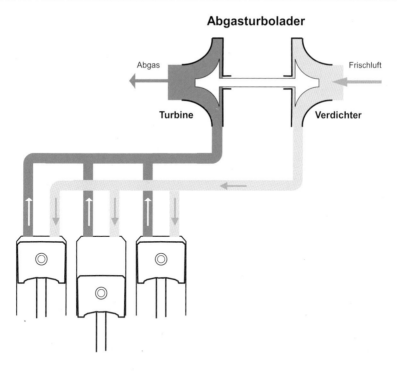

**Abb. 7.1** Prinzip des Turboladers: Die Abgase treiben beim Ausströmen ein Turbinenrad an. Dieses sitzt auf der gleichen Welle wie ein Verdichter, der die in den Motor einströmende Luft verdichtet und so zu einer größeren Menge Luft im Brennraum führt

Damit wird ein Teil der Energie, die im ausströmenden Abgas steckt, genutzt, um mehr Luft in die Brennräume zu fördern. Abb. 7.1 zeigt das Turboladerprinzip.

Durch den Turbolader erhöht sich der Wirkungsgrad des Gesamtmotors. Bei wirkungsgrad-optimierten Motoren (Diesel im Nutzfahrzeug) sind daher Motoren ohne Turbo praktisch ausgestorben. Der Turbolader erlaubt es auch, durch die Aufladung die spezifische Motorleistung (Leistung pro Liter Hubraum) erheblich zu erhöhen. Durch die komprimierte Luft kann mehr Kraftstoff zur Verbrennung gebracht werden und die Motorleistung pro Hubvolumen ist höher als bei nicht aufgeladenen Motoren.

Durch die Komprimierung im Turbolader erwärmt sich die Frischluft und dehnt sich aus. Dieser Effekt ist gegenläufig zu dem gewünschten Effekt, mehr Luftmoleküle in den Brennraum zu schaffen. Daher wird die Luft nach dem Turbolader durch einen Ladeluftkühler geführt, um die Ladelufttemperatur wieder zu reduzieren.

Die Auslegung des Turboladers muss sowohl den Volllastbetrieb des Motors, als auch den Betrieb bei niederer Last berücksichtigen. Die Drehgeschwindigkeit der Turbine und damit der Ladedruck auf der Frischluftseite des Turboladers hängt vom Abgasstrom ab, der auf die Turbine trifft. Nun möchte man auch bei niedriger Belastung des Verbrennungsmotors und damit auch bei geringem Abgasstrom genügend Ladedruck aufbauen. Auf der anderen Seite soll die Turbinendrehzahl und der Ladedruck bei Volllast begrenzt bleiben. Der Turbolader muss also einen Kompromis finden zwischen Motorvolllast und Betrieb bei geringer Last. Dazu gibt es verschieden komplexe Ansätze:

Der Turbolader mit Wastegate verfügt über ein Ventil (das sogenannte Wastegate-ventil[2]) welches bei hohem Abgasdruck vor dem Turbolader einen Bypass öffnet über den Teile des Abgasstroms den Turbolader umgehen. Nimmt der Abgasdruck wieder ab, schließt das Ventil wieder, so dass der gesamte Abgasstrom durch die Turbinenseite des Turboladers strömt.

Beim Lader mit variabler Geometrie leiten verstellbare Leitschaufeln das Abgas auf die Turbine des Laders. Bei geringem Abgasstrom verengen die Leitschaufeln den Strö-mungspfad des Abgases, so dass der Abgasstrom dennoch mit hoher Geschwindigkeit auf die Turbine trifft. Bei großem Abgasstrom öffnen die Leitschaufeln den Strömungspfad. Man spricht von variabler Turbinengeometrie oder sogenannten VTG-Ladern.

Sehr aufwendige Konzepte arbeiten mit mehreren Turboladern. Man schaltet zwei Tur-bolader hintereinander, die unterschiedliche Charakteristik aufweisen. So kann man so-wohl bei niedrigem Abgasmassestrom als auch bei hohem Abgasdurchsatz komprimierte Frischluft in die Brennräume fördern. Die zweistufige Ausführung der Auflading mit Regelventilen erlaubt es, die Motorcharakteristik zu verbessern; beispielsweise den Dreh-momentverlauf des Motors zu optimieren.

Der Turbolader trägt im übrigen auch zur Motorbremswirkung bei: Die verdichtete Luft im Brennraum stellt während der Kompressionsphase einen größeren Widerstand für den nach oben eilenden Kolben dar und dieser wird folglich stärker abgebremst, als beim Saugmotor, bei dem die Luft im Brennraum atmosphärischen Luftdruck aufweist.

### 7.1.1  Turbocompounding

Eine Alternative zu mehrstufigen Turboladern, um die im Abgas vorhandene Energie ef-fizienter zu nutzen, ist das sogenannte Turbocompounding[3]. Dabei baut man hinter der Turbine des Abgasturboladers eine weitere Turbine in den Abgasstrom ein. Diese zweite Turbine treibt keinen Verdichter an, sondern gibt ihre Rotationsenergie über ein Getriebe und eine hydrodynamische Kupplung an die Kurbelwelle ab. Die aus dem Abgas zusätz-lich genutzte Energie wird direkt in mechanische Energie an der Kurbelwelle umgesetzt.

Abb. 7.2 zeigt schematisch das Turbocompound-System.

Statt die mechanische Leistung der zweiten Turbine an die Kurbelwelle zu geben, kann man damit (z. B. für Hybridsysteme) auch einen Generator antreiben und Strom erzeugen. Auch diese Nutzung der Abgasenergie wird als Turbocompound bezeichnet.

---

[2] von waste (engl.) = Abfall, Verlust und gate (engl.) = Aushang, Pforte.
[3] Eine sinnvolle deutsche Übersetzung für Turbocompound ist dem Autor nicht bekannt, daher ver-wenden wir auch im deutschen Text den Begriff Turbocompound.

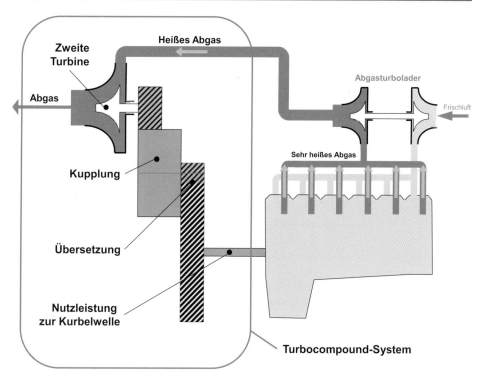

**Abb. 7.2** Schematische Darstellung eines Turbocompound-Systems: Die Abgase werden nach dem Turbolader über ein weiteres Turbinenrad geleitet. Dieses treibt über Kupplung und Getriebe zusätzlich die Kurbelwelle an

## 7.2 Abgasreinigung

Die Tab. 7.1 illustriert, wie die Abgas-Grenzwerte in der Vergangenheit immer anspruchsvoller geworden sind. Ausgeklügelte Technologien und aufwendige Technik sind erforderlich, um die Abgase so rein wie möglich in die Umwelt zu entlassen. Verschiedene Technologien werden im Abgasstrang kombiniert, um die verschiedenen Schadstoffarten zu eliminieren.

### 7.2.1 Emissionen

Tab. 7.1 zeigt eine ganze Reihe von Abgasbestandteilen, die in der Gesetzgebung berücksichtigt werden. Die beiden wichtigsten sind Partikel PM und Stickoxide $NO_x$.

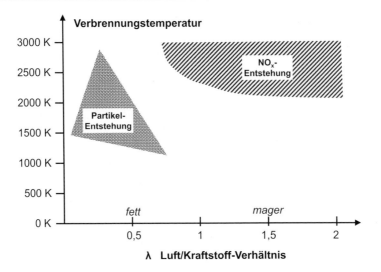

**Abb. 7.3** Die Bildung von Stickoxiden NO$_x$ und Partikeln hängt vom Luft/Kraftstoff-Gemisch und der Verbrennungstemperatur ab: Stickoxide entstehen bei hohen Temperaturen und Partikel entstehen bei fettem Gemisch (Kraftstoffüberschuss). Zur Definition von $\lambda$ siehe Gl. 3.4

### 7.2.1.1  Entstehung der Abgasbestandteile

Partikel entstehen bei der unvollständigen Verbrennung der Kohlenwasserstoffe. Diese tritt insbesondere dann auf, wenn das Gemisch (lokal) einen Überschuss von Kraftstoff zu Sauerstoff aufweist (fettes Gemisch). Im mageren Bereich, das heißt, wenn (lokal) Sauerstoffüberschuss herrscht, verbrennt der Kraftstoff vollständig und es bilden sich keine (unerwünschten) Partikel. Allerdings entstehen bei hohen Temperaturen im mageren Bereich Stickoxide: Der im Überfluss vorhandene Sauerstoff reagiert nicht nur mit dem Kraftstoff sondern (bei hohen Temperaturen) auch mit dem Luftstickstoff.

Abb. 7.3 illustriert die Bereiche der Partikelentstehung und der NO$_x$-Entstehung (siehe z. B. [12] oder die Fachliteratur zum Dieselmotor).

### 7.2.1.2  Stickoxide, NO$_x$

Stickoxide sind gasförmige Verbindungen aus Stickstoff N$_2$ und Sauerstoff O$_2$, die mit der chemischen Formel NO$_x$ beschrieben werden. Stickoxide sind aus mehreren Gründen als Luftschadstoffe einzuordnen [18]: Zum einen sind Stickoxide direkt schädlich: Sie reizen und schädigen die Atemorgane und greifen die Schleimhäute an. Des Weiteren trägt insbesondere Stickstoffdioxid zum sauren Regen bei: In folgender Reaktion entsteht Salpetersäure HNO$_3$. Salpetersäure ist nach Schwefelsäure der zweit-gewichtigste Beitrag zum sauren Regen.

$$2NO_2 + H_2O \rightarrow HNO_3 + HNO_2 \tag{7.1}$$

Drittens trägt Stickstoffdioxid unter Einfluss von UV-Strahlung zur Bildung des in Bodennähe schädlichen Ozons $O_3$ bei:

$$NO_2 + \text{UV-Strahlung} \rightarrow O* + NO \tag{7.2}$$

$$O* + O_2 \rightarrow O_3 \tag{7.3}$$

Ozon reizt aufgrund seiner oxidierenden Wirkung bei Menschen und Tieren die Atemwege. Bei Ozonaufnahme treten bei empfindlichen Personen Schläfenkopfschmerzen auf.

### 7.2.1.3 Partikel (PM)

Partikel oder besser Dieselrußpartikel sind mikroskopisch kleine Festkörper, die sich im Abgas befinden. Die Größe der verschiedenen Partikel kann stark variieren. Ein Messwert für die Partikelmenge PM10 bezeichnet die Menge aller Partikel deren Durchmesser kleiner als $10\,\mu m$[4] ist, PM2,5 bezeichnet entsprechend die Menge aller Partikel deren Durchmesser kleiner als $2,5\,\mu m$ ist,

Partikel aus dem Dieselmotor tragen zur Feinstaubbelastung der Luft bei. Weitere Beiträge zur Feinstaub- oder Partikelbelastung der Luft liefern Brennanlagen von Heizungen und Industrieanlagen. Auch natürliche Gründe tragen zur Feinstaubbelastung der Luft bei, wie beispielsweise Bodenerosion, Waldbrände oder Saharasand der je nach Wetterlage in der Atmosphäre über weite Strecken bis nach Europa – insbesondere in den Süden – gelangt [19].

Feinstaub ist gesundheitsschädlich, da bei hohen Feinstaubkonzentrationen Atemwegs- und Herzkreislauferkrankungen häufiger auftreten [19, 20].

### 7.2.2 Reduktion der Stickoxide

### 7.2.2.1 Abgasrückführung AGR

Mit der Abgasrückführung AGR[5] wird die Entstehung der Stickoxide innermotorisch (im Brennraum) schon verringert. Es wird bei der Abgasrückführung ein Teil des Abgases zurück in die Zylinder geführt. Das Verbrennungsgemisch enthält damit weniger Sauerstoff. Dadurch wird die Spitzentemperatur der Verbrennung im Zylinder abgesenkt. Niedrigere Verbrennungstemperaturen unterdrücken die Stickoxidbildung ($NO_x$) – siehe Abb. 7.3. Allerdings erhöht die Abgasrückführung die Partikelemissionen des Motors, da im Brennraum weniger Sauerstoff zur Partikeloxidation („Verbrennung") zur Verfügung steht. Auch senkt die Abgasrückführung den Wirkungsgrad des Motors.

Das sehr heiße Abgas nimmt ein relativ großes Volumen ein. Um eine größere Menge Gas und damit auch Diesel im Brennraum verarbeiten zu können, wird daher das rückgeführte Abgas in der Regel gekühlt, bevor es wieder in den Brennraum gelangt. Man spricht

---

[4] $\mu$ steht für $10^{-6}$ oder ein Millionstel. $1\,\mu m$ ist also ein Millionstel Meter bzw. ein Tausendstel Millimeter.

[5] statt AGR findet man häufig auch die englische Abkürzung EGR = exhaust gas recirculation.

von gekühlter AGR. Durch diese Kühlung steigt der Gesamtkühlbedarf des Motors um bis zu 30 % an.

Um die Menge des zurückgeführten Abgases je nach Motorbetriebspunkt variieren zu können, befindet sich in der Abgasrückführung ein AGR-Ventil, das den Abgasanteil, der über den AGR-Kühler zurück auf die Einlassseite des Motors geführt wird, regeln kann. Abb. 7.6 beinhaltet eine schematische Darstellung der Abgasrückführung.

### 7.2.2.2　Selektive katalytische Reduktion, SCR

Die gängige Methode bei anspruchsvollen Grenzwerten die Stickoxide im Abgas zu reduzieren, ist die sogenannte selektive katalytische Reduktion oder SCR[6]. Im Kraftwerksbetrieb wurde die SCR-Technologie schon angewendet, lange bevor sie mit der Abgasstufe Euro IV auch im Nutzfahrzeug Einzug gehalten hat. Es handelt sich um eine Reduktions-Reaktion, bei der der Sauerstoff in den Stickoxiden reduziert wird. Dadurch entsteht molekularer Stickstoff $N_2$ und Wasser – zwei völlig harmlose Stoffe (Die Luft besteht überwiegend aus Stickstoff, siehe Tab. 3.2). Die Reaktion wird selektiv katalytisch betrieben. Das heißt, dass über geeignete Katalysatoren gewährleistet wird, das die gewünschte Reaktion bevorzugt abläuft. Als Reduktionsmittel wird Ammoniak $NH_3$ verwendet. Die stöchiometrischen Gleichungen der wichtigsten Reaktion für Stickstoffmonoxid und Stickstoffdioxid zeigen die Gln. 7.4 bis 7.6.

$$4NO + 4NH_3 + O_2 \rightarrow 4N_2 + 6H_2O \tag{7.4}$$

$$2NO_2 + 4NH_3 + O_2 \rightarrow 3N_2 + 6H_2O \tag{7.5}$$

$$6NO_2 + 8NH_3 \rightarrow 7N_2 + 12H_2O \tag{7.6}$$

Um das erforderliche Ammoniak zur Verfügung zu haben wird eine wässrige Harnstoff-Lösung getankt, das sogenannte AdBlue[7]. Für das AdBlue ist ein separater Tank am Fahrzeug vorhanden – mit blauem Deckel. Die wässrige Lösung wird in den Abgasstrang eingespritzt. Dort kommt es zur Zersetzung der wässrigen Harnstoff-Lösung, so dass Ammoniak entsteht. Damit die gewünschte Reduktionsreaktion nach Gln. 7.4, 7.5 und 7.6 im Katalysator stattfindet, ist ein gewisses Temperaturniveau im Katalysator erforderlich; das Abgas darf vor dem Eintritt in den Kat nicht zu stark abkühlen. Die Menge des zugesetzten Ammoniaks muss ungefähr zu den momentanen Stickoxidemissionen des Motors passen: Die Dosierung des AdBlues erfolgt daher in Abhängigkeit von Motordrehzahl und Motorlast. Da die Motoremissionen sich sehr dynamisch ändern und eine exakte stöchiometrische Zumessung des AdBlues nicht möglich ist, weist der Katalysator eine gewisse Speicherfähigkeit für Ammoniak auf. Ist temporär zu viel Ammoniak vorhanden, so wird dieses im Katalysator eingelagert und zu einem späteren Zeitpunkt abgebaut. Wichtig ist, dass das Ammoniak homogen im Abgas verteilt ist, wenn das Gasgemisch in den Katalysator eintritt.

---

[6] SCR als Abkürzung kommt aus der englischen Bezeichnung selective catalytic reduction.
[7] In den USA nennt sich die Flüssigkeit DEF, Diesel Exhaust Fluid.

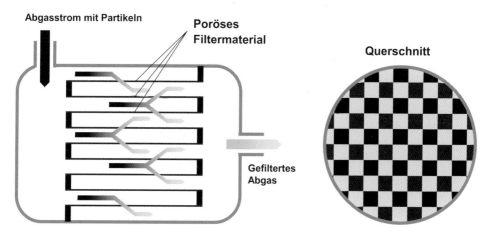

**Abb. 7.4** Dieselpartikelfilter DPF

## 7.2.3 Reduktion der Partikel im Abgas

Partikelemissionen des Dieselmotors können innermotorisch beeinflusst werden, in dem man dafür sorgt, dass der Kraftstoff möglichst vollständig verbrennt. Dazu trägt eine optimierte Luftführung bei. Damit Kraftstoff und Luft im Brennraum möglichst gut vermischt sind und der Kraftstoff im gesamten Brennraum möglichst gut verbrennt, wird die Luftführung und die Kolbenform so gestaltet, dass die einströmende Luft im Brennraum eine Wirbelbewegung ausführt („Drall"). Auch ausgeklügelte Einspritzverläufe, die wiederum ausgeklügelte Einspritzsysteme erfordern, und die Qualität des Dieselkraftstoffes, der Verwendung findet, sind geeignet, die Partikelemissionen zu verringern.

### 7.2.3.1 Dieselpartikelfilter

Um die strengen Abgasgrenzwerte der kommenden Gesetze zu erfüllen, ist es notwendig in der Abgasnachbehandlung Partikel aus dem Abgasstrom herauszusammeln. Dazu sind Filter notwendig. Ab Euro VI haben praktisch alle Nutzfahrzeuge einen Dieselpartikelfilter (DPF). Dabei wird das Abgas durch eine poröse Filterstruktur gedrückt. Die im Abgas befindlichen Partikel haften an der Wand des Filters und bleiben zurück. Der Partikelfilter stellt einen zusätzlichen Widerstand für das strömende Abgas dar. Dieser Widerstand muss vom Motor beim Ausdrücken des Abgases überwunden werden. Der DPF ist also naturgemäß verbrauchserhöhend. Filtermaterial und Filtergeometrie sind so zu wählen, dass eine hohe Partikelabscheidungsrate erzielt wird bei gleichzeitig moderatem zusätzlichen Strömungswiderstand. Die wirksame Oberfläche des Filters (wie bei praktisch allen Filtern) sollte möglichst groß sein. Abb. 7.4 zeigt das Funktionsprinzip eines Partikelfilters.

Eine wichtige Aufgabe bei der Verwendung von Filtersystemen ist das Verstopfen des Filters zu verhindern. Um die Beladung des Dieselfilters zu messen, wird typischerweise der Druck vor und hinter dem Filter gemessen. Ein hoher Differenzdruck zeigt einen stark beladenen („verstopften") Filter an. Ist die Beladung des Filters zu hoch wird dieser „regeneriert", das heißt, dass die im Filter gesammelten Partikel verbrannt und als $CO_2$ ausgestoßen werden. Erreicht der Abgasstrom im normalen Betrieb ausreichende Temperaturen (diese liegen bei etwa 450 °C), so regeneriert sich der Dieselpartikelfilter automatisch während des Betriebs des Fahrzeuges; man spricht von passiver Regeneration. Wird das Fahrzeug aber in einem Fahrzyklus betrieben, in dem nur geringe Abgastemperaturen erreicht werden (Stopp-and-Go, geringe Beladung, keine langen Steigungen, nur kurze Einsätze, keine Vollgasphasen) so werden die für die passive Regeneration erforderlichen Temperaturen eventuell nicht erreicht. Es wird dann bei der entsprechenden Filterbeladung eine sogenannte aktive Regeneration angestoßen. Hierbei wird gezielt die Abgastemperatur erhöht (typische Temperatur bis zu 600 °C), um die Dieselpartikel im Filter zu verbrennen. Um die Abgastemperatur zu erhöhen, verwendet man im Nutzfahrzeug gerne Diesel, der im Abgasstrang mit Restsauerstoff reagiert und zusätzliche Energie freisetzt. Der zusätzliche Kraftstoff kann durch eine Nacheinspritzung eingebracht werden oder über einen separaten HC-Doser bereitgestellt werden – siehe Abb. 7.6.

Die Regeneration des Filters im Fahrzeug findet nicht rückstandsfrei statt. Es sammeln sich im Laufe des Filterlebens Rückstände im Filter, die sogenannte Asche. Daher muss der Dieselpartikelfilter nach einer gewissen Laufstrecke ausgebaut und extern gereinigt (oder erneuert) werden.

### 7.2.4  Verringerung der Kohlenwasserstoffe und des Kohlenmonoxid

Der Oxidationskatalysator[8] vermindert den Kohlenmonoxid- und Kohlenwasserstoffgehalt im Dieselabgas. Giftiges Kohlenmonoxid CO wird zu Kohlendioxid $CO_2$ umgewandelt. Unerwünschte Kohlenwasserstoffe HC werden zu Wasser und Kohlendioxid oxidiert. Des Weiteren wird im Oxi-Kat aus Stickstoffmonoxid NO Stickstoffdioxid $NO_2$ gebildet. Der Stickoxidgehalt insgesamt ($NO_x$) wird im Oxidationskatalysator nicht vermindert. Die Reaktionen (der Kohlenwasserstoffe) im DOC können genutzt werden, um bei Bedarf gezielt die Temperatur der Abgase im Abgasnachbehandlungssystem zu erhöhen.

### 7.2.5  Kombinierte Systeme

Die meisten Euro VI Nutzfahrzeuge weisen eine Kombination aus optimiertem Motor mit Abgasrückführung und einer aufwändigen Abgasnachbehandlung mit SCR-System und Dieselpartikelfilter auf.

So sind die anspruchsvollen Grenzwerte wirtschaftlich bezüglich Systemkosten und Kraftstoffverbrauch zu erreichen. Abb. 7.6 zeigt schematisch eine mögliche Konfiguration eines Euro VI Motors mit Abgasanlage. Die Expertenwelt zeigt in großer Einigkeit

---

[8] DOC = Diesel Oxidation Catalyst (engl.) = Diesel-Oxidationskatalysator.

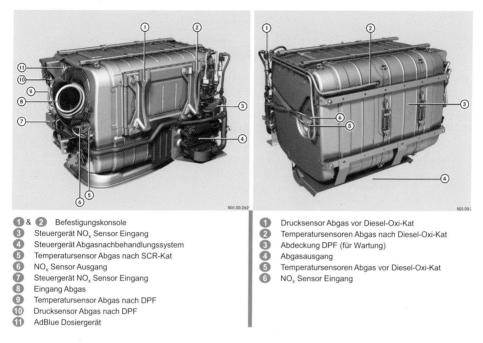

① & ②  Befestigungskonsole
③  Steuergerät $NO_x$ Sensor Eingang
④  Steuergerät Abgasnachbehandlungssystem
⑤  Temperatursensor Abgas nach SCR-Kat
⑥  $NO_x$ Sensor Ausgang
⑦  Steuergerät $NO_x$ Sensor Eingang
⑧  Eingang Abgas
⑨  Temperatursensor Abgas nach DPF
⑩  Drucksensor Abgas nach DPF
⑪  AdBlue Dosiergerät

①  Drucksensor Abgas vor Diesel-Oxi-Kat
②  Temperatursensoren Abgas nach Diesel-Oxi-Kat
③  Abdeckung DPF (für Wartung)
④  Abgasausgang
⑤  Temperatursensoren Abgas vor Diesel-Oxi-Kat
⑥  $NO_x$ Sensor Eingang

**Abb. 7.5**  Foto der Abgasanlage für einen schweren Lkw in der Abgasstufe Euro VI [14]. Darstellung: Daimler AG

ähnliche Ansätze, um EURO VI Grenzwerte zu erfüllen [13, 15–17]: Ein moderner Motor ist motorseitig schon auf geringe Rohemissionen getrimmt. Dazu wird ein Commonrail-Einspritzsystem verwendet, das Menge, Zeitpunkt und Dauer der Einspritzung je nach Betriebspunkt variiert. Die Abgasrückführung mit AGR-Kühler reduziert den $NO_x$-Ausstoß. Hinter dem Motorausgang sitzt eine Kohlenwasserstoff-Dosiereinheit (HC-Doser) im Abgasstrang. Werden hier Kohlenwasserstoffe ins Abgas gebracht, so reagieren diese Kohlenwasserstoffe im Oxidationskat und setzen dabei zusätzliche Wärme frei. Diese Wärme wird genutzt, um bei Bedarf den Dieselpartikelfilter freizubrennen. Um zu erkennen, wann der Dieselpartikelfilter regeneriert werden muss, messen Drucksensoren den Druck vor und hinter dem DPF. Die Druckdifferenz ist ein Maß dafür, wie weit sich der Dieselpartikelfilter zugesetzt hat. Der Dieselpartikelfilter (DPF) filtert die Partikel aus dem Abgasstrom.

Hinter dem DPF wird das AdBlue in das Abgasrohr eingespritzt, um im anschließenden SCR-Kat das erforderliche Ammoniak zur Verfügung zu haben.

Da Ammoniak gesundheitsschädlich ist und des Weiteren auch in geringen Dosen unangenehm riecht, sorgt ein sogenannter Anti-Slip-Katalysator oder Ammoniak-Schlupf-Kat (ASC) hinter dem SCR-Kat dafür, dass kein unverbrauchtes Ammoniak mit dem Abgas in die Umwelt gelangt.

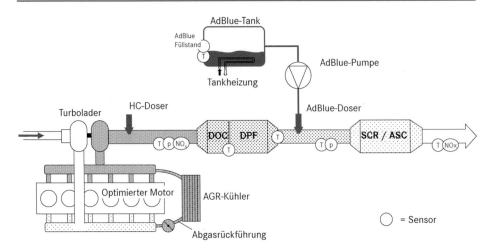

**Abb. 7.6**  Komponenten eines Motors und der Abgasnachbehandlung, um die strengen Grenzwerte der Euro VI Norm zu erfüllen

# Thermodynamik

**8**

Die Thermodynamik beschreibt die Umwandlung von einer Energieform in eine andere. Insbesondere die Energieform Wärme spielt in der Thermodynamik eine entscheidende Rolle, so dass die Thermodynamik in älteren Schriften auch als „Wärmelehre" bezeichnet wurde. Die Energiewandlung im Motor von der chemischen Energie des Kraftstoffes über die thermische Energie der Verbrennung in mechanische Energie ist ein thermodynamischer Prozess. Der Verbrennungsmotor ist also eine thermodynamische Maschine. Zum Verständnis des Motors gehört die Thermodynamik.

## 8.1 Einige thermodynamische Grundlagen

### 8.1.1 Der erste Hauptsatz der Thermodynamik

Der erste Hauptsatz der Thermodynamik ist ein Erfahrungssatz. Er besagt, dass die Summe der Energie erhalten bleibt. Energie kann weder erzeugt noch vernichtet werden. Die Energie ist eine Erhaltunggröße. Energie kann „nur" von einer Energieform in eine andere umgewandelt werden. Dieser an sich schlicht erscheinende Satz beschreibt eine der Grundfesten der Physik.

Ist also von „Energieverbrauch" die Rede, so ist physikalisch korrekt gemeint, dass „hochwertige", leicht nutzbare Energie, wie zum Beispiel die chemischen Energie des Erdöls, in weniger gut nutzbare Energie wie Wärme umgesetzt wird. Oder anders ausgedrückt: Energieträger mit geringer Entropie (zur Entropie siehe weiter unten) werden in Energieformen mit höherer Entropie umgesetzt; die Gesamtenergie bleibt aber gleich.

Mathematisch ausgedrückt besagt der erste Hauptsatz der Thermodynamik, dass eine Änderung der Energie E eines Systems nicht spontan erfolgt, sondern entweder durch Wärmezufuhr oder -abfuhr dQ erfolgt, durch das Verrichten von mechanischer Arbeit geschieht dW oder dass an einen Massentransport gebundene Energie $dE_m$ mit der Umge-

© Springer Fachmedien Wiesbaden 2016
M. Hilgers, *Dieselmotor*, Nutzfahrzeugtechnik lernen, DOI 10.1007/978-3-658-15495-0_8

bung ausgetauscht wird:

$$dE = dQ + dW + dE_m \qquad (8.1)$$

Die Energie eines Systems E besteht aus der inneren Energie U und der äußeren Energie $E_a$, die die potentielle Energie und die kinetische Energie des Systems beschreibt (dE = $dU + dE_a$). Handelt es sich um ein ruhendes ($dE_a = 0$) geschlossenes ($dE_m = 0$) System, so erhält man die Darstellung:

$$dU = dQ + dW \qquad (8.2)$$

Vernachlässigt man Reibungsphänomene, so ist die mechanische Arbeit

$$dW = -p\,dV \qquad (8.3)$$

Hier ist p der Druck und V das Volumen des Systems. Das Minuszeichen tritt hier auf, da Arbeit dem System zugeführt wird („Energie mehr wird"), wenn man das Volumen komprimiert.

Damit erhält man:

$$dU + p\,dV = dQ \qquad (8.4)$$

### 8.1.2   Der zweite Hauptsatz der Thermodynamik

Der zweite Hauptsatz der Thermodynamik sagt aus, dass (makroskopische) Prozesse „in eine Richtung ablaufen". Ein eingängiges Beispiel für den zweiten Hauptsatz ist folgende Erfahrung: Stehen ein warmer und ein kalter Körper in Kontakt, so geht Wärme vom wärmeren Körper auf den kälteren Körper über[1]. Es kommt makroskopisch nicht vor, dass spontan der warme Körper noch wärmer wird und sich der kalte Körper weiter abkühlt – nur mit dem ersten Hauptsatz der Thermodynamik wäre ein solcher Sachverhalt erlaubt. Das beschriebene Beispiel entspricht in etwa der Formulierung des zweiten Hauptsatzes nach Clausius[2].

Prozesse, die – wie das Beispiel – spontan nur in eine Richtung ablaufen, sind nicht umkehrbare oder „irreversible" Prozesse. Makroskopisch sind alle Prozesse irreversibel. Nichtsdestotrotz betrachtet man in der Thermodynamik gerne auch umkehrbare, „reversible" Prozesse, da sie den Grenzfall, das theoretisch maximal Erreichbare, darstellen.

Um den zweiten Hauptsatz mathematisch darstellbar zu machen, hat Clausius die Zustandsgröße Entropie S in die Thermodynamik eingeführt.

Die Entropie ist ein Maß für die nicht mehr in mechanische Arbeit umsetzbare Energie eines Systems.

---

[1] Der umgekehrte Vorgang ist nur durch zusätzliche Energiezufuhr („pumpen") möglich und wird in der Wärmepumpe dargestellt.
[2] Es gibt verschiedene Formulierungen des zweiten Hauptsatzes, die am Ende den gleichen Sachverhalt beschreiben.

Die Entropieänderung wird definiert als

$$dS = \frac{\delta Q}{T} + \frac{\delta W_{diss}}{T} \qquad (8.5)$$

Die dissipative Energie ist stets positiv $\delta W_{diss} > 0$. Die Einheit der Entropie ist Joule pro Kelvin, J/K. Der zweite Hauptsatz der Thermodynamik sagt, dass die Entropie niemals abnimmt. Bei irreversiblen Prozessen nimmt die Entropie stets zu, nur im Grenzfall des (idealisierten[3]) reversiblen Prozesses bleibt die Entropie konstant.

$$dS > 0 \quad \text{für irreversible Prozesse} \qquad (8.6)$$

$$dS = 0 \quad \text{für reversible Prozesse} \qquad (8.7)$$

Im reversiblen Fall ohne Reibungsphänomene etc. ($\delta W_{diss} = 0$) gilt Gl. 8.4 und man kann für die Entropie schreiben:

$$dS_{rev} = \frac{\delta Q}{T} = \frac{1}{T} \cdot dU + \frac{p}{T} \cdot dV \qquad (8.8)$$

## 8.2 Ideales Gas

Das ideale Gas ist ein Gedankenmodell, das es erlaubt, thermodynamische Prozesse vereinfacht zu beschreiben. Das Verhalten des Gases wird in der allgemeinen Gasgleichung 8.9 beschrieben.

$$p \cdot V = n \cdot R \cdot T \qquad (8.9)$$

n ist die Stoffmenge in mol und R ist die spezifische Gaskonstante. Diese ergibt sich aus der Avogadrozahl $N_A = 6{,}022 \cdot 10^{23}\,\text{mol}^{-1}$ und der Boltzmannkonstante $1{,}38 \cdot 10^{-23}\,\text{J/K}$ als

$$R = N_A \cdot k_B = 8{,}3144\,\text{J K}^{-1}\,\text{mol}^{-1} \qquad (8.10)$$

Die innere Energie U ist beim idealen Gas nur eine Funktion der Temperatur. Die innere Energie eines Gases ohne innere Freiheitsgrade mit N Teilchen ist[4]:

$$U = \frac{3}{2} \cdot N \cdot k_B \cdot T = \frac{3}{2} \cdot n \cdot R \cdot T \qquad (8.11)$$

Wird dem idealen Gas bei konstantem Volumen (isochor) Wärme zugeführt, so wird die Wärme vollständig in der kinetischen Energie der Gasteilchen aufgehen. Man definiert die spezifische Wärmekapazität bei konstantem Volumen $C_V$. Für ideale Gase gilt

$$C_V = \frac{dU}{dT} = \frac{3}{2} \cdot n \cdot R \qquad (8.12)$$

---

[3] makroskopisch ist wegen der unvermeidlichen Reibung jeder Prozess irreversibel.
[4] $N = N_A \cdot n$.

Wird der Druck des idealen Gases beibehalten (isobar), so dehnt sich das Gas aus und es wird Volumenarbeit verrichtet. Ein Teil der zugeführten Wärme trägt zur Volumenarbeit bei und ein Teil der Wärme erhöht die Temperatur (kinetische Energie der Gasteilchen). Um eine gewünschte Temperaturänderung zu erzielen, muss im isobaren Fall mehr Energie zugeführt werden, als im isochoren Fall. Die spezifische Wärmekapazität bei konstantem Druck ist höher als bei konstantem Volumen. Man definiert die spezifische Wärmekapazität bei konstantem Druck $C_p$:

$$C_p = \frac{d}{dT}(U + pdV) = \frac{dU}{dT} + p\frac{dV}{dT} = \frac{dU}{dT} + n \cdot R = C_V + n \cdot R \qquad (8.13)$$

Es ist $C_p > C_V$ siehe Tab. 3.2.

Um dem Leser den Anschluss an andere Texte zur Thermodynamik zu erleichtern, ein paar hilfreiche Bemerkungen zu den Wärmekapazitäten $C_V$ und $C_p$. Wir haben diese Größen so eingeführt, dass U in Gl. 8.12 ein Gas mit N Teilchen ist (damit werden die Gleichungen in denen $C_V$ und $C_p$ vorkommen besonders einfach). Häufig werden auch die Wärmekapazitäten pro Stoffmenge n, die sogenannten molaren Wärmekapazitäten eingeführt:

$$C_V{}^{molar} = \frac{C_V}{n} \qquad (8.14)$$

$$C_p{}^{molar} = \frac{C_p}{n} \qquad (8.15)$$

Oder aber man definiert die Wärmekapazität pro Masse, die dann gerne mit einem kleinen c bezeichnet wird [5].

$$m \cdot c_V = n \cdot C_V{}^{molar} = C_V \qquad (8.19)$$

$$m \cdot c_p = n \cdot C_p{}^{molar} = C_p \qquad (8.20)$$

---

[5] Es ist hilfreich sich die Einheiten der verschiedenen Wärmekapazitäten vor Augen zu führen:

$$[C_V] = \frac{J}{K} \qquad (8.16)$$

$$\left[C_V{}^{molar}\right] = \frac{J}{K \cdot mol} \qquad (8.17)$$

$$[c_V] = \frac{J}{K \cdot kg} \qquad (8.18)$$

Für $C_p$ gilt Analoges.

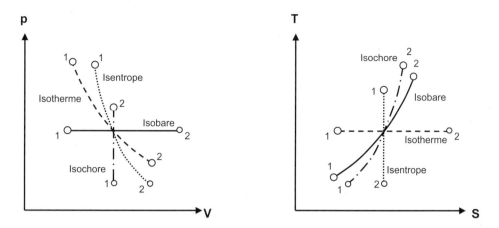

**Abb. 8.1** Schematische Darstellung der Zustandsänderungen im p-V-Diagramm und im T-S-Diagramm. Die Isentrope verläuft in p-V steiler als die Isotherme

Für die molaren Wärmekapazitäten des idealen Gases ohne inneren Freiheitsgrad gilt nach Gl. 8.12 und 8.13

$$C_V{}^{\text{molar}} = \frac{3}{2} \cdot R \tag{8.21}$$

$$C_p{}^{\text{molar}} = \frac{5}{2} \cdot R \tag{8.22}$$

## 8.3  Zustandsänderungen idealer Gase

Um thermodynamische Prozesses möglichst einfach zu beschreiben, werden sie gedanklich zerlegt in eine Abfolge idealisierter Zustandsänderungen, die vergleichsweise leicht beschreibbar sind. Im Folgenden werden diese idealisierten Zustandsänderungen für ideale Gase erläutert. Die Darstellung der Zustandsänderungen im p-V-Diagramm und im T-S Diagramm zeigt Abb. 8.1.

### 8.3.1  Zustandsänderung bei konstantem Volumen – isochore Zustandsänderung

Zustandsänderungen bei konstantem Volumen – oder isochore Zustandsänderungen – erfolgen ohne Volumenänderung. Druck und Temperatur ändern sich entsprechend der idealen Gasgleichung 8.9. Es wird keine mechanische Arbeit verrichtet $p\delta V = 0$ und die zugeführte Wärme verändert die innere Energie U.

$$\frac{p_1}{p_2} = \frac{T_1}{T_2} \tag{8.23}$$

$$Q = \Delta U \tag{8.24}$$

$$Q = \int_{T_1}^{T_2} C_V dT = C_V \cdot (T_2 - T_1) \tag{8.25}$$

### 8.3.2 Zustandsänderung bei konstantem Druck – isobare Zustandsänderung

Die isobare Zustandsänderung erfolgt bei konstantem Druck. Es gilt:

$$p_1 = p_2 = \text{const.} \tag{8.26}$$

$$\frac{V_1}{V_2} = \frac{T_1}{T_2} \tag{8.27}$$

$$Q = \int_{T_1}^{T_2} C_p dT = C_p \cdot (T_2 - T_1) \tag{8.28}$$

### 8.3.3 Zustandsänderung bei konstanter Temperatur – isotherme Zustandsänderung

Die isotherme Zustandsänderung beschreibt Zustandsänderungen, bei denen sich die Temperatur des Gases nicht verändert. Es gilt:

$$T_1 = T_2 = \text{const.} \tag{8.29}$$

$$p_1 \cdot V_1 = p_2 \cdot V_2 \tag{8.30}$$

Es gilt bei der isothermen Zustandsänderung $\Delta U = 0$ und mit Gl. 8.2 folgt $dQ = -dW$.

Mit Gl. 8.3 erhält man für die Arbeit bei isothermen Vorgängen

$$\Delta W = - \int_1^2 p \, dV \tag{8.31}$$

$$= - \int_1^2 n \cdot R \cdot T \cdot \frac{1}{V} \, dV \tag{8.32}$$

$$= -n \cdot R \cdot T \ln \left( \frac{V_2}{V_1} \right) \tag{8.33}$$

$$= n \cdot R \cdot T \ln \left( \frac{V_1}{V_2} \right) \tag{8.34}$$

Das Vorzeichen tritt hier wie gezeigt auf, da Arbeit dem System zugeführt wird („Energie mehr wird"), wenn man das Volumen im Prozess $1 \rightarrow 2$ komprimiert, das heißt, $V_1 > V_2$.

### 8.3.4   Zustandsänderung ohne Entropieänderung – isentrope Zustandsänderung

Bei der isentropen Zustandsänderung ändert sich die Entropie des Gases nicht, $S = $ const. Man definiert

$$\kappa = \frac{c_p}{c_V} \tag{8.35}$$

Für die Isentrope idealer Gase gilt:

$$\frac{p_1}{p_2} = \left( \frac{V_2}{V_1} \right)^{\kappa} \tag{8.36}$$

$$\frac{T_1}{T_2} = \left( \frac{V_2}{V_1} \right)^{\kappa - 1} \tag{8.37}$$

und

$$\frac{T_1}{T_2} = \left( \frac{p_1}{p_2} \right)^{\frac{\kappa - 1}{\kappa}} \tag{8.38}$$

**Adiabatische Zustandsänderung**

Man redet von adiabatischer Zustandänderung, wenn keine thermische Energie mit der Umgebung ausgetauscht wird $\delta Q = 0$.

Ein adiabatischer und reversibler Prozess ist immer isentrop. Die Umkehrung gilt aber nicht zwingend.

## 8.4 Kreisprozesse

Kreisprozesse sind Modelle, die thermodynamische Prozesse beschreiben. Auch den innermotorischen Prozess der Verbrennung und der Umwandlung von Wärme in mechanische Arbeit kann man als Kreisprozess beschreiben.

Die einfachsten – hier behandelten Prozesse – sind geschlossene Kreisprozesse. Ein Kreisprozess der rechtsherum im p-V-Diagramm abläuft ist eine Wärmekraftmaschine; bei dieser ist die abgegebene Arbeit größer als die aufgenommene Arbeit. Man kann Arbeit verrichten. Bei den hier betrachteten Kreisprozessen wird die Verbrennung im Motor als Wärmezufuhr abgebildet, der Ausstoß des verbrannten Gases wird durch die Abgabe von Wärme modelliert und es wird in den einfachen Modellen ein ideales Gas zu Grunde gelegt.

Der thermische Wirkungsgrad wird definiert als:

$$\eta_{th} = \frac{\Delta W}{Q_{zu}} \qquad (8.39)$$

Hierbei ist $\Delta W$ die entnommene mechanische Arbeit und $Q_{zu}$ die zugeführte Wärme. Die mechanische Arbeit $\Delta W$ wird dann geleistet, wenn das System mehr Wärme aufnimmt als es abgibt. Dann ist $\Delta W = Q_{zu} - |Q_{ab}|$. Der thermische Wirkungsgrad bei rechtsläufigen Kreisprozessen ist:

$$\eta_{th} = \frac{Q_{zu} - |Q_{ab}|}{Q_{zu}} \qquad (8.40)$$

$$\eta_{th} = 1 - \frac{|Q_{ab}|}{Q_{zu}} \qquad (8.41)$$

### 8.4.1 Carnotprozess

Der Carnotprozess ist in der Diskussion der Kreisprozesse von besonderer Bedeutung: Zum Ersten ist er einer der Kreisprozesse, die sehr früh in der Entwicklung der Wärmelehre diskutiert wurden und zum Zweiten – und deswegen ist er wichtig für uns – beschreibt der Carnotprozess den theoretischen Idealfall.

Man kann zeigen, dass der zweiten Hauptsatz (Abschn. 8.1.2) sich mit Hilfe des Carnotprozesses folgendermaßen schreiben lässt: Der Carnotprozess beschreibt bei vorgegebenen Temperaturen den höchstmöglichen Wirkungsgrad. Es gibt keine Wärmekraftmaschine, die bei vorgegebenen Temperaturen zur Wärmeaufnahme und zur Wärmeabgabe einen höheren Wirkungsgrad liefert als der Carnotprozess bei diesen Temperaturen. Alle reversiblen Wärme-Kraft-Prozesse mit den gleichen Temperaturen der Wärmezufuhr und der Wärmeabfuhr haben denselben Wirkungsgrad wie der entsprechende Carnotprozess. Alle irreversiblen Wärme-Kraft-Prozesse haben einen geringeren Wirkungsgrad. Da alle realen Prozesse aufgrund der unvermeidlichen Reibung irreversible Prozesse sind, stellt

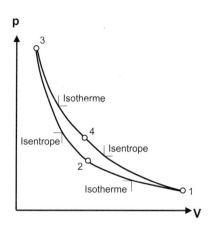
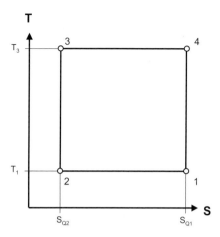

**Abb. 8.2** Der Carnotprozess

der Carnotprozess die obere Grenze des Wirkungsgrades dar, an die die Ingenieure sich heranarbeiten, die aber nicht erreicht oder gar überschritten werden kann. Je näher eine Maschine an den Carnotwirkungsgrad herankommt, desto besser ist sie.

Der Carnotprozess besteht aus zwei Isothermen und zwei Adiabaten. Abb. 8.2 veranschaulicht den Carnotprozess im p-V-Diagramm und im T-S-Diagramm.

Die einzelnen Prozessschritte sind die Folgenden:

- Es erfolgt eine isotherme Kompression (1 → 2). Dabei wird folgende Arbeit verrichtet ($V_1 > V_2$) – siehe Gl. 8.31:

$$\Delta W_{12} = n \cdot R \cdot T_1 \ln \left( \frac{V_1}{V_2} \right) \tag{8.42}$$

und – da die Temperatur konstant bleibt – in gleichem Maße Wärme abgegeben.

$$\Delta W_{12} = -\Delta Q_{12} \tag{8.43}$$

- Bei der anschließenden adiabatischen (isentropen) Verdichtung findet kein Wärmeaustausch mit der Umgebung statt.

$$\Delta Q_{23} = 0 \tag{8.44}$$

Es wird die Arbeit

$$W_{23} = C_V \cdot (T_3 - T_2) \tag{8.45}$$

verrichtet.

- Die anschließende isotherme Expansion (3 → 4) ist mit folgender Arbeit verbunden (System gibt Arbeit ab → Minuszeichen)

$$\Delta W_{34} = -n \cdot R \cdot T_3 \ln \left( \frac{V_3}{V_4} \right) \tag{8.46}$$

und – da die Temperatur konstant bleibt – in gleichem Maße Wärme aufgenommen:

$$\Delta W_{34} = -\Delta Q_{34} \tag{8.47}$$

- Der Kreisprozess wird durch die adiabatische Expansion $(4 \rightarrow 1)$ geschlossen. Dabei wird keine Wärme mit der Umgebung ausgetauscht:

$$\Delta Q_{41} = 0 \tag{8.48}$$

Es wird die Arbeit verrichtet:

$$W_{41} = C_V \cdot (T_4 - T_1) \tag{8.49}$$

Wärme wird nur im Prozessschritt $(3 \rightarrow 4)$ aufgenommen:

$$Q_{zu} = n \cdot R \cdot T_3 \ln\left(\frac{V_3}{V_4}\right) \tag{8.50}$$

Wärme abgegeben wird im Prozessschritt $(1 \rightarrow 2)$:

$$Q_{ab} = -n \cdot R \cdot T_1 \ln\left(\frac{V_1}{V_2}\right) \tag{8.51}$$

$$= n \cdot R \cdot T_1 \ln\left(\frac{V_2}{V_1}\right) \tag{8.52}$$

Der Wirkungsgrad des Carnotprozesses berechnet sich zu

$$\eta_{Carnot} = 1 - \frac{|Q_{ab}|}{Q_{zu}} \tag{8.53}$$

$$\eta_{Carnot} = 1 - \frac{n \cdot R \cdot T_1 \ln\left(\frac{V_2}{V_1}\right)}{n \cdot R \cdot T_3 \ln\left(\frac{V_3}{V_4}\right)} \tag{8.54}$$

Aus Gl. 8.37 folgt:

$$\frac{T_1}{T_4} = \left(\frac{V_4}{V_1}\right)^{\kappa - 1} \tag{8.55}$$

$$\frac{T_2}{T_3} = \left(\frac{V_3}{V_2}\right)^{\kappa - 1} \tag{8.56}$$

Mit $T_3 = T_4$ und $T_1 = T_2$ (Abb. 8.2):

$$\frac{V_2}{V_1} = \frac{V_3}{V_4} \tag{8.57}$$

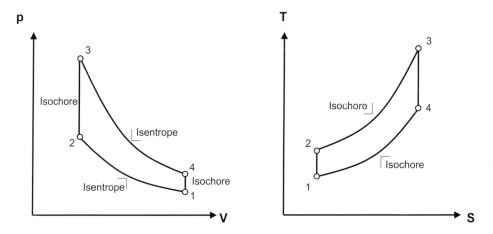

**Abb. 8.3** Der Gleichraumprozess

Damit ergibt sich der Wirkungsgrad des Carnotprozesses zu:

$$\eta_{\text{Carnot}} = 1 - \frac{T_1}{T_3} \tag{8.58}$$

$$= 1 - \frac{T_{\min}}{T_{\max}} \tag{8.59}$$

Der Carnotprozess ist von einem technisch darstellbaren Prozess im Verbrennungsmotor weit entfernt, da aufgrund von Wärmeübergängen die isotherme Volumenänderung nicht realisierbar ist. Des Weiteren ist die Fläche im pV Diagramm, die der Carnotprozess einschließt, recht klein. Diese Fläche gibt die mechanische Arbeit wieder, die pro Umlauf geleistet wird. Um also Arbeit zu verrichten, muss der Prozess viele Male durchlaufen werden. Und um eine gewünschte Leistung zu erzielen, muss der Carnotprozess sehr schnell durchlaufen werden.

## 8.4.2 Gleichraumprozess („Ottoprozess")

Der Gleichraumprozess ist ein gedachter Kreisprozess, der gerne zur Diskussion von Kolbenmotoren mit periodischer Verbrennung herangezogen wird. Beim Gleichraumprozess findet die Wärmezufuhr und die Wärmeabgabe bei konstantem Volumen statt, daher der Name Gleichraum. Abb. 8.3 veranschaulicht den Gleichraumprozess im p-V-Diagramm.

Das Gas wird isentrop verdichtet (1 → 2), d. h. es findet kein Wärmeaustauch mit der Umgebung statt (adiabatisch) und die Verdichtung erfolgt reibungsfrei. Am Punkt des minimalen Volumens wird isochor (ohne Volumenänderung) Wärme zugeführt (2 → 3). Anschließend erfolgt eine isentrope Expansion bis zum maximalen Hubvolumen

$(3 \rightarrow 4)$. Hier wird gedanklich die Wärme isochor abgeführt, bis der Ausgangszustand wieder erreicht ist $(4 \rightarrow 1)$. Die zugeführte und abgeführte Arbeit ergibt sich zu:

$$Q_{zu} = C_V \cdot (T_3 - T_2) \tag{8.60}$$

$$|Q_{ab}| = C_V \cdot (T_4 - T_1) \tag{8.61}$$

Damit ergibt sich der thermische Wirkungsgsgrad des Gleichraumprozesses zu[6]

$$\eta = \frac{Q_{zu} - |Q_{ab}|}{Q_{zu}} \tag{8.62}$$

$$= \frac{(T_3 - T_2) - (T_4 - T_1)}{(T_3 - T_2)} \tag{8.63}$$

$$= 1 - \frac{T_1}{T_2} \left( \frac{\frac{T_4}{T_1} - 1}{\frac{T_3}{T_2} - 1} \right) \tag{8.64}$$

Wegen der adiabtischen Zustandsänderung bei der Verdichtung gilt

$$T \cdot V^{\kappa-1} = \text{const.} \tag{8.65}$$

$$T_1 \cdot V_1{}^{\kappa-1} = T_2 \cdot V_2{}^{\kappa-1} \tag{8.66}$$

und damit erhält man

$$\frac{T_1}{T_2} = \left( \frac{V_2}{V_1} \right)^{\kappa-1} \tag{8.67}$$

und analog für die Expansion

$$\frac{T_4}{T_3} = \left( \frac{V_3}{V_4} \right)^{\kappa-1} \tag{8.68}$$

Es gilt $V_4 = V_1$ und $V_3 = V_2$ (Gleichraumprozess!)

$$\frac{V_2}{V_1} = \frac{V_3}{V_4} \tag{8.69}$$

und damit

$$\frac{T_4}{T_3} = \frac{T_1}{T_2} \Rightarrow \frac{T_4}{T_1} = \frac{T_3}{T_2} \Rightarrow \frac{\frac{T_4}{T_1} - 1}{\frac{T_3}{T_2} - 1} = 1 \tag{8.70}$$

Somit ergibt sich der thermische Wirkungsgrad des Gleichraumprozesses zu:

$$\eta_{th} = 1 - \frac{T_1}{T_2} \tag{8.71}$$

---

[6] Hier geht die Idealisierung ein, dass die spezifische Wärmekonstante innerhalb der Prozessparameter als konstant angenommen wird: $c_{V(3\rightarrow2)} = c_{V(4\rightarrow1)}$.

Der Gleichraumprozess wird in der Literatur manchmal auch als idealisierter ottomotorischer Prozess bezeichnet. Die isochore – unendlich schnelle – Wärmezuführung des Gleichraumprozesses und der damit verbundene plötzliche Druckanstieg entspricht in diesem Bild der Zündung des Benzingemisches im Zylinder.

Der Wirkungsgrad kann temperaturunabhängig geschrieben werden: Mit $V_2 = V_3 = V_{min}$ und $V_1 = V_{max}$ und der Definition der Verdichtung nach Gl. 4.8 folgt aus Gl. 8.67

$$\frac{T_1}{T_2} = \left(\frac{V_2}{V_1}\right)^{\kappa-1} = \left(\frac{V_{min}}{V_{max}}\right)^{\kappa-1} = \frac{1}{\epsilon^{\kappa-1}} \qquad (8.72)$$

und damit der Wirkungsgrad des Gleichraumprozesses zu:

$$\eta_{th} = 1 - \frac{1}{\epsilon^{\kappa-1}} \qquad (8.73)$$

Der Wirkungsgrad des Gleichraumprozesses hängt nur von der Verdichtung ab (Geometrie des Motors) und vom Verhältnis der spezifischen Wärmekapazitäten (Eigenschaft des Gases).

### 8.4.3 Gleichdruckprozess („Dieselprozess")

Beim Gleichdruckprozess wird im Gegensatz zum Gleichraumprozess die Wärmezufuhr bei konstantem Druck angenommen. Die Wärmeabgabe erfolgt wie beim Gleichraumprozess bei konstantem Volumen. Abb. 8.4 veranschaulicht den Gleichdruckprozess im p-V-Diagramm.

Drei der vier gedachten Prozessschritte erfolgen wie beim Gleichraumprozess, der Prozessschritt während der Wärmezufuhr $(2 \rightarrow 3)$ unterscheidet sich:

- Das Gas wird isentrop verdichtet $(1 \rightarrow 2)$.
- Am Punkt des minimalen Volumens erfolgt eine isobare Wärmezufuhr, bei der das Volumen ansteigt $(2 \rightarrow 3)$.
- Anschließend erfolgt eine isentrope Expansion bis zum maximalen Hubvolumen $(3 \rightarrow 4)$.
- Hier wird gedanklich die Wärme isochor abgeführt, bis der Ausgangszustand wieder erreicht ist $(4 \rightarrow 1)$.

Die Verdichtung bei diesem Prozess ist

$$\epsilon = \frac{V_4}{V_2} = \frac{V_1}{V_2} \qquad (8.74)$$

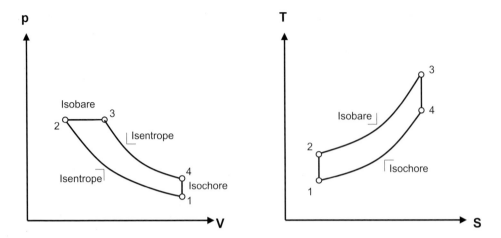

**Abb. 8.4** Der Gleichdruckprozess („Dieselprozess")

Des Weiteren definieren wir das so genannte Volldruckverhältnis (oder Einspritzverhältnis) zu

$$\phi = \frac{V_3}{V_2} \tag{8.75}$$

Das Volldruckverhältnis beschreibt das Verhältnis der Volumina zwischen denen die Expansion des gedachten Prozesses bei konstant hohem Druck stattfindet (siehe Abb. 8.4).

Die zugeführte und abgeführte Arbeit ergibt sich zu:

$$Q_{zu} = C_p \cdot (T_3 - T_2) \tag{8.76}$$

$$|Q_{ab}| = C_V \cdot (T_4 - T_1) \tag{8.77}$$

Weil wir hier die isobare Expansion ($2 \rightarrow 3$) annehmen, findet sich $c_p$ in Gl. 8.76. Die Ermittlung des thermischen Wirkungsgsgrads des Gleichdruckprozesses

$$\eta = 1 - \frac{|Q_{ab}|}{Q_{zu}} \tag{8.78}$$

$$= 1 - \frac{C_V \cdot (T_4 - T_1)}{C_p \cdot (T_3 - T_2)} \tag{8.79}$$

$$= 1 - \frac{1}{\kappa} \cdot \frac{(T_4 - T_1)}{(T_3 - T_2)} \tag{8.80}$$

Wir drücken alle Temperaturen ($T_2$, $T_3$, $T_4$) in Abhängigkeit von $T_1$ aus. Wegen der adiabatischen Zustandsänderung bei der Verdichtung gilt

$$T_2 = T_1 \cdot V_1/V_2{}^{\kappa-1} = T_1 \cdot \epsilon^{\kappa-1} \tag{8.81}$$

Die isobare Zustandsänderung $(2 \to 3)$ bedeutet:

$$T_3 = T_2 \cdot V_3/V_2 \tag{8.82}$$

$$= T_1 \cdot \epsilon^{\kappa-1} \cdot \phi \tag{8.83}$$

dabei sind Gln. 8.81 und 8.75 verwendet.

Die isentrope Veränderung $3 \to 4$ gibt:

$$T_4 = T_3 \cdot V_3/V_4{}^{\kappa-1} \tag{8.84}$$

$$= T_1 \cdot \epsilon^{\kappa-1} \cdot \phi \cdot \left(\frac{V_3}{V_4}\right)^{\kappa-1} \tag{8.85}$$

Mit $V_4 = V_2 \cdot \epsilon$ (Verdichtung) und $V_3 = \phi \cdot V_2$ (Gl. 8.75) ergibt sich $V_3/V_4 = \phi/\epsilon$ und damit

$$T_4 = T_1 \cdot \epsilon^{\kappa-1} \cdot \phi \cdot \left(\frac{\phi}{\epsilon}\right)^{\kappa-1} \tag{8.86}$$

Mit den Gln. 8.81, 8.82 und 8.86 kann man alle Temperaturen aus dem Ausdruck für den Wirkungsgrad ersetzen:

$$\eta = 1 - \frac{1}{\kappa} \cdot \frac{1}{\epsilon^{\kappa-1}} \cdot \frac{\phi^\kappa - 1}{\phi - 1} \tag{8.87}$$

Der Wirkungsgrad des Gleichdruckprozesses hängt von der Verdichtung $\epsilon$ (Geometrie des Motors), vom Verhältnis der spezifischen Wärmekapazitäten (Eigenschaft des Gases), und vom Volldruckverhältnis des Motors $\phi$ ab (Einspritzverlauf).

Der Gleichdruckprozess wird gerne als einfachster Vergleichsprozess für den Dieselmotor betrachtet. Die isobare Wärmezufuhr entspricht der Verbrennung des Dieselkraftstoffes. Die Einspritzung des selbstentzündenden Dieselkraftstoffes erfolgt in erster Näherung so, dass der Druck eine gewisse Zeitspanne ein hohes konstantes Niveau beibehält.

### 8.4.4 Vergleich Diesel versus Benzinmotor

Der Wirkungsgrad nach Gl. 8.87 ist bei gleicher Verdichtung niedriger als der Wirkungsgrad des Gleichraumprozesses nach Gl. 8.73.

In der Realität ist der Wirkungsgrad des Dieselmotors aber höher als der des Benzinmotors, da die Verdichtung von Dieselmotoren deutlich höher ist als die Verdichtung von Ottomotoren. Eine zu hohe Verdichtung beim Ottomotor birgt das Risiko von unerwünschten Selbstzündungen. Zusätzlich belastet den Benziner die Drosselklappe, die der Benzinmotor braucht, um das stöchiometrische Kraftstoff-Luft-Gemisch herzustellen. Die

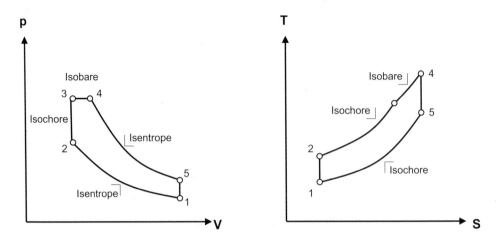

**Abb. 8.5** Der Seiligerprozess

Drosselklappe (die beim Diesel nicht erforderlich ist) erhöht die Ladungswechselverluste (Reibung) insbesondere im Teillastbereich, wenn Drosselung erforderlich ist.

Die klassische Verbrauchsangabe in Kraftstoffvolumen pro Strecke (Liter pro 100 Kilometer) ergibt beim Diesel darüber hinaus auch noch günstigere Werte, da die Energiedichte des Diesels rund 10 % höher ist als die von Benzin.

### 8.4.5 Seiligerprozess

Um die Beschreibung des Verbrennungsprozesses an die Realität anzunähern, hat Seiliger den nach ihm benannten Seiligerprozess vorgeschlagen: In der realen Welt erfolgt die Wärmezufuhr weder isochor, wie beim Gleichraumprozess noch isobar wie beim Gleichdruckprozess. Seiliger schlug deshalb vor, den realen Verbrennungsprozess durch eine gedachte Wärmezufuhr in zwei Teilprozessen abzubilden: Zunächst eine isochore Wärmezufuhr der sich eine isobare Wärmezufuhr anschließt. Damit beinhaltet der Seiligerprozess fünf Prozessschritte. Der zusätzliche Prozessschritt führt einen neuen Freiheitsgrad ein, so dass eine zusätzliche Größe zur Beschreibung des Seiligerprozesses erforderlich ist. Üblicherweise wird das Druckverhältnis $\psi$ eingeführt:

$$\psi = \frac{p_3}{p_2} = \frac{T_3}{T_2} \tag{8.88}$$

Das Druckverhältnis $\psi$ ist das Verhältnis der beiden Drücke zwischen denen die isochore Wärmezufuhr stattfindet.

Die fünf Prozessschritte des Seiligerprozesses mit den jeweiligen Temperatureckpunkten sind im Folgenden aufgezählt:

- Isentrope Verdichtung $1 \to 2$. Die Temperatur ergibt sich analog Gl. 8.81

$$T_2 = T_1 \cdot \epsilon^{\kappa-1} \tag{8.89}$$

- Isochore Wärmezufuhr $2 \to 3$. Auf der Isochoren gilt, dass die Druckverhältnisse gleich den Temperaturverhältnissen sind. Unter Verwendung des Druckverhältnisses $\psi$ aus Gl. 8.88 und mit dem Ausdruck für $T_2$ aus Gl. 8.89 erhält man

$$T_3 = T_2 \cdot \frac{p_3}{p_2} = T_1 \cdot \psi \cdot \epsilon^{\kappa-1} \tag{8.90}$$

- Isobare Wärmezufuhr $3 \to 4$. Die isobare Wärmezufuhr ergibt eine Temperatur $T_4$ analog zu Gl. 8.82 (nur, dass wir nun die Temperatur $T_4$ betrachten, da der Zähler des Indexes aufgrund der zwischengeschobenen isochoren Wärmezufuhr einen Schritt weiter gezählt hat):

$$T_4 = T_3 \cdot V_4/V_3 \tag{8.91}$$
$$= T_3 \cdot \phi \tag{8.92}$$
$$= T_1 \cdot \phi \cdot \psi \cdot \epsilon^{\kappa-1} \tag{8.93}$$

- Die isentrope Entspannung des Gases $4 \to 5$ ergibt sich

$$T_5 = T_4 \cdot \left(\frac{V_4}{V_5}\right)^{\kappa-1} \tag{8.94}$$

$$= T_1 \cdot \phi \cdot \psi \cdot \epsilon^{\kappa-1} \cdot \left(\frac{V_4}{V_3} \cdot \frac{V_3}{V_5}\right)^{\kappa-1} \tag{8.95}$$

Mit $V_4/V_3 = \phi$ und $V_3 = V_2$ und $V_1 = V_5$ folgt

$$T_5 = T_1 \cdot \phi \cdot \psi \cdot \epsilon^{\kappa-1} \cdot \phi^{\kappa-1} \cdot \left(\frac{V_2}{V_1}\right)^{\kappa-1} \tag{8.96}$$

Mit der Definition des Verdichtungsverhältnisses schreibt man $V_2/V_1 = 1/\epsilon$ und damit

$$T_5 = T_1 \cdot \phi^{\kappa} \cdot \psi \cdot \epsilon^{\kappa-1} \cdot \left(\frac{1}{\epsilon}\right)^{\kappa-1} \tag{8.97}$$

$$= T_1 \cdot \phi^{\kappa} \cdot \psi \tag{8.98}$$

- und die Rückkehr in den Ausgangszustand durch eine isochore Wärmeübertragung $5 \to 1$

Der thermische Wirkungsgsgrad des Seiligerprozesses lässt sich mit diesen Vorarbeiten ermitteln zu

$$\eta = \frac{Q_{zu} - Q_{ab}}{Q_{zu}} \tag{8.99}$$

$$= 1 - \frac{Q_{ab}}{Q_{zu}} \tag{8.100}$$

$$= 1 - \frac{Q_{51}}{Q_{23} + Q_{34}} \tag{8.101}$$

$$= 1 - \frac{c_V \cdot (T_5 - T_1)}{c_V \cdot (T_3 - T_2) + c_p \cdot (T_4 - T_3)} \tag{8.102}$$

$$= 1 - \frac{T_5 - T_1}{T_3 - T_2 + \kappa \cdot (T_4 - T_3)} \tag{8.103}$$

Einsetzen der Temperaturbeziehungen aus den Gln. 8.89, 8.90, 8.91 und 8.97 ergibt:

$$\eta = 1 - \frac{T_1(\phi^\kappa \cdot \psi - 1)}{T_1(\psi \cdot \epsilon^{(\kappa-1)} - \epsilon^{(\kappa-1)}) + T_1 \cdot \kappa \cdot (\phi \cdot \psi \epsilon^{(\kappa-1)} - \psi \cdot \epsilon^{(\kappa-1)})} \tag{8.104}$$

$$= 1 - \frac{1}{\epsilon^{(\kappa-1)}} \cdot \frac{\phi^\kappa \cdot \psi - 1}{(\psi - 1) + \kappa \cdot \psi \cdot (\phi - 1)} \tag{8.105}$$

### 8.4.6   Annäherung an den realen Prozess

Die vorgestellten Kreisprozesse bedienen sich zahlreicher Idealisierungen. Die Verbrennung und der Ladungswechsel wird als Zufuhr und Abfuhr von Wärme dargestellt. Der Wärmeaustausch erfolgt idealisiert unendlich schnell. Es wird ein ideales Gas zu Grunde gelegt.

Reale Prozesse im realen Motor (Abb. 8.6) folgen diesen Idealisierungen nicht. Außerdem gibt es zahlreiche weitere Effekte, die im realen Verbrennungsmotor eine wichtige Rolle spielen und den Wirkungsgrad des realen Motors, verglichen mit dem Idealmotor, verringern. Einige davon werden nachfolgend aufgezählt.

**Reale Verbrennung**

Die Verbrennung im realen Prozess kann unvollständig stattfinden, wenn lokal nicht ausreichend Sauerstoff zur vollständigen Verbrennung verfügbar ist. Dies führt dazu, dass die im Kraftstoff enthaltene chemische Energie nur zu einem Teil freigesetzt wird. Oder mit anderen Worten, das Abgas, das den Zylinder nach der Verbrennung verlässt, beinhaltet noch reaktionsfähige Anteile.

**Abb. 8.6** Schwerer Nutzfahrzeugmotor OM473 (15,6 l Hubraum) von Mercedes-Benz. Der Motor ist von beiden Seiten fotografiert worden. Foto: Daimler AG

**Wärmeverluste**

Die nach der Verbrennung verfügbare Wärmemenge geht zu einem Teil über die Zylinderwände und den Kolbenboden verloren. Diese Verlustwärme steht thermodynamisch nicht mehr zur Umwandlung in mechanische Energie zur Verfügung.

**Reibung**

Die unvermeidliche Reibung im Triebwerk verursacht Energieverluste (richtiger: Energieumwandlungen). Der größte Beitrag zur Reibung im Motor resultiert aus der Kolbengruppe: Die Kolbenringe reiben am Ölfilm auf der Zylinderwand und der Kolbenbolzen dreht sich im Kolben. Ein weiterer prominenter Beitrag zur mechanischen Reibung des Motors resultiert aus den Hauptlagern der Kurbelwelle. Auch benötigt der Motor einen Teil der mechanischen Energie, die er erzeugt, um die bewegten Teile gegen den Reibwiderstand zu drehen: Der Ventiltrieb, die Kraftstoffeinspritzung, Wasserpumpe, Ölpumpe, der Generator und eventuell der Lüfter reduzieren den Anteil der mechanischen Arbeit, die der Motor verrichten kann.

**Blow-by-Verluste**

Bei der Verdichtung des Gases im Motor und auch bei der Expansion des gezündeten Gases entweicht ein geringer Anteil des Gases durch den Spalt zwischen Zylinderwand und Kolben. Die Kolbenringe sind nicht vollständig dicht. Diese Gasverluste nennt man Blow-by-Verluste. Die Blow-by-Verluste in der Kompressionsphase reduzieren die Verdichtung leicht. Die Blow-by-Verluste während der Verbrennungsphase sind ungleich bedeutender: Heißes Gas, das Kraftstoff und Schadstoffe beinhaltet, gelangt ins Kurbelgehäuse. Das Motoröl wird mit Kraftstoff verdünnt und durch die Schadstoffe verunreinigt. Bei einem

guten Motor liegen diese Verluste bei unter 1 % des Gasvolumens[7]. Das in den Kurbel-
wellenraum gelangte Gas wird durch eine Entlüftung des Kurbelgehäuses wieder zurück
in den Ansaugtrakt des Motors geleitet.

[7] Selbst bei nur 0,5 % Blow-by-Verlust ist das in das Kurbelgehäuse gedrückte Gasvolumen erheblich. Bei 1200 Umdrehungen pro Minute erhält man 72.000 Umdrehungen pro Stunde und bei einem
4-Takter mit 6 Zylindern 216.000 Zündvorgänge im Motor. Bei 2 Litern Gas pro Zylinder und 0,5 %
Gasverlust erhält man 2160 Liter Blow-by-Gas pro Stunde. Daraus resultiert die Notwendigkeit, das
Kurbelgehäuse zu entlüften.

# Verständnisfragen

Die Verständnisfragen dienen dazu, den Wissensstand zu überprüfen. Die Antworten auf die Fragen finden sich in den Abschnitten, auf die sich die jeweilige Frage bezieht. Sollte die Beantwortung der Fragen schwerfallen, so wird die Wiederholung der entsprechenden Abschnitte empfohlen.

### A.1 4-Takt-Motor
Erläutern Sie das 4-Takt-Prinzip.

### A.2 Verbrennung
(a) Welche Stoffe benötigt der Motor zur Verbrennung?
(b) Was beschreibt die Luftzahl $\lambda$?
(c) Schätzen Sie ab, wie viel Liter Luft ein Motor pro Minute braucht.

### A.3 Kurbeltrieb
(a) Verdeutlichen Sie sich, wie der Kurbeltrieb aus einer translatorischen Bewegung (Hub) eine rotatorische Bewegung macht.
(b) Welches Bauteil bestimmt den Hub, den ein Kolben macht?
(c) Wie bestimmt sich der Hubraum eines Motors?

### A.4 Selbstzünder
(a) Warum wird der Dieselmotor auch Selbstzünder genannt?
(b) Was beschreibt die Verdichtung?

### A.5 Motorbremse
(a) Erläutern Sie das Prinzip der Auspuffklappe.
(b) Wie bremst eine Dekompressionsbremse?

### A.6 Kraftstoffversorgung
(a) Erläutern Sie Niederdruck- und Hochdruckteil des Kraftstoffsystems.
(b) Was bedeutet Commonrail?

© Springer Fachmedien Wiesbaden 2016
M. Hilgers, *Dieselmotor*, Nutzfahrzeugtechnik lernen, DOI 10.1007/978-3-658-15495-0

## A.7 Abgasenergie

(a) Was macht der Turbolader?

(b) Was ist „Turbocompounding"?

## A.8 Emissionen

(a) Wann entstehen bevorzugt Partikel und wann Stickoxide $NO_x$ im Motor?

(b) Was ist SCR?

(c) Erläutern Sie den Dieselpartikelfilter.

# Abkürzungen und Symbole

Im Folgenden werden die in diesem Heft benutzten Abkürzungen aufgeführt. Die Zuordnung der Buchstaben zu den physikalischen Größen entspricht der in den Ingenieur- und Naturwissenschaften üblichen Verwendung.

Der gleiche Buchstabe kann kontextabhängig unterschiedliche Bedeutungen haben. Beispielsweise ist das kleine c ein vielbeschäftigter Buchstabe. Zum Teil sind Kürzel und Symbole indiziert, um Verwechslungen auszuschließen und die Lesbarkeit von Formeln etc. zu verbessern.

## Kleine lateinische Buchstaben

| | |
|---|---|
| a | Beschleunigung |
| bar | bar, Maßeinheit des Druckes – 1 bar $= 10^5$ Pa |
| c | Beiwert, Proportionalitätskonstante |
| $c_p$ | Wärmekapazität bei konstantem Druck |
| $c_V$ | Wärmekapazität bei konstantem Volumen |
| da | Abkürzung für deka $= 10$, besonders gerne genutzt ist die Kraftangabe daN (deka-Newton), da 1 daN $= 10$ N ungefähr der Gewichtskraft eines Kilogramms auf der Erde entspricht |
| f | Beiwert oder Korrekturfaktor |
| $f_{Rot}$ | Massenzuschlagsfaktor bei rotatorischer Bewegung |
| g | Erdbeschleunigung (g $= 9{,}81$ m/s$^2$) |
| g | Gramm, Einheit für die Masse |
| h | Längenmaß, häufig Höhe |
| h | Stunde, Einheit der Zeit |
| i | Übersetzung, Verhältnis von Drehzahlen |
| k | kilo $= 10^3 =$ das tausendfache |
| $k_B$ | Boltzmann-Konstante |
| kg | Kilogramm, Einheit für die Masse |
| kg/m$^3$ | Kilogramm pro Kubikmeter, Einheit für die Dichte (Masse pro Volumen) |
| km | Kilometer, Einheit für die Länge – 1 km $= 1000$ m |
| km/h | Kilometer pro Stunde, Einheit für die Geschwindigkeit – 100 km/h $= 27{,}78$ m/s |

kW      Kilowatt, Einheit für die Leistung – 1 kW = Tausend Watt

kWh     Kilowattstunde, Einheit für die Energie

l       Länge

l       Liter, Einheit für das Volumen – 1 l = $10^{-3}$ m$^3$

m       Masse

m       Meter, Einheit der Länge

m       milli = $10^{-3}$ = ein Tausendstel

mm      Millimeter, Einheit der Länge – 1 mm = $10^{-3}$ m

mol     Mol, Einheit der Stoffmenge – 1 mol = 6,022 · $10^{23}$ Teilchen

n       Anzahl Teilchen, Stoffmenge

n       Drehzahl

p       Druck

r       Längenmaß, häufig Radius, Halbmesser

s       Sekunde, Einheit der Zeit

s       Längenmaß (Strecke)

t       Zeit

t       Tonne, Einheit für die Masse – 1 t = 1000 kg

v       Geschwindigkeit

x       Typische Bezeichnung für eine der drei Raumkoordinatenachsen

y       Typische Bezeichnung für eine der drei Raumkoordinatenachsen

z       Typische Bezeichnung für eine der drei Raumkoordinatenachsen

z       Zahl der Zähne (eines Getriebezahnrades)

**Große lateinische Buchstaben**

A       Fläche, insbesondere Stirnfläche

ABS     Antiblockiersystem (Bremse)

AGR     Abgasrückführung (engl. siehe EGR)

ASC     Ammoniak-Schlupfkatalysator (engl.: Ammonium Slip Catalyst)

C       Celsius, Einheit der Temperatur

C       Coulomb, Einheit der elektrischen Ladung

C       Chemisches Symbol für Kohlenstoff, (engl.: carbon)

CAN     Controller Area Network, Bustechnologie

CO      Kohlenmonoxid

$CO_2$    Kohlendioxid

$C_x H_y$   Kohlenwasserstoffe

DOC     Diesel-Oxidations-Katalysator (engl.: diesel oxidation catalyst)

DOT     Department of Transport (engl.) = (Amerikanisches) Verkehrsministerium

DPF     Dieselpartikelfilter. Die Abkürzung ist auch auf englisch gebäuchlich: Diesel particulate filter.

E       Energie

$E_a$     Äußere Energie

| ECE | Economic Commission for Europe (engl.) – Wirtschaftskommission für Europa der Vereinten Nationen |
| ECU | Electronic Control Unit (engl.) = Elektronisches Steuergerät |
| EEV | Enhanced Environmentally Friendly Vehicle (engl.) – Europäischer Abgasstandard für Busse und Lkw (Strenger als EURO V) |
| EGR | Exhaust Gas Recirculation – Abgasrückführung (deutsche Abkürzung AGR) |
| EHR | Exhaust Heat Recovery |
| ELR | European Load Response Test (engl.) – Testverfahren für die Abgasgesetzgebung |
| ESC | European Stationary Cylce (engl.) – Testverfahren für die Abgasgesetzgebung |
| ETC | European Transient Cycle (engl.) – Testverfahren für die Abgasgesetzgebung |
| F | Kraft |
| $F_G$ | Gewichtskraft |
| $F_Z$ | Fliehkraft |
| GWP | Global Warming Potential |
| $H_2$ | Chemisches Symbol für elementaren Wasserstoff, der als zweiatomiges Moleküle auftritt (engl.: hydrogen) |
| $H_2O$ | Wasser |
| HC | Hydrocarbons (engl.) – Kohlenwasserstoff |
| J | Joule, Einheit der Energie |
| K | Kelvin, Einheit der Temperatur in der Kelvinskala |
| Kfz | Kraftfahrzeug |
| Lkw | Lastkraftwagen, das von dem wir hier reden :-) |
| M | Drehmoment |
| M | Mega = $10^6$ = Million |
| MJ | Mega Joule, Einheit der Energie – Eine Million Joule |
| MW | Mega Watt, Einheit der Leistung – Eine Million Watt |
| N | Newton, Einheit der Kraft |
| $N_2$ | Chemisches Symbol für elementaren Stickstoff, der als zweiatomiges Moleküle auftritt (engl.: nitrogen) |
| $N_A$ | Avogadrozahl |
| Nfz | Nutzfahrzeug, das von dem wir hier reden :-) |
| $NH_3$ | Ammoniak |
| $N_2O$ | Distickstoffmonoxid, Lachgas |
| NO | Stickstoffmonoxid |
| $NO_x$ | Stickoxid |
| $NO_2$ | Stickstoffdioxid |
| NMHC | Nichtmethankohlenwasserstoffe |
| NVH | Steht für Geräusch, Vibration und Rauheit. Zusammenfassender Begriff für Schwingungsphänomene die als Geräusch hörbar oder als Vibration spürbar sind (engl.: Noise, Vibration, Harshness oder kurz NVH). |

O₂      Chemisches Symbol für elementaren Sauerstoff, der als zweiatomiges Moleküle auftritt (engl.: oxygen)

O₃      Ozon

OEM    Fahrzeughersteller (engl.: Original Equipment Manufacturer)

OHC    Obenliegende Nockenwelle (engl.: Overhead Camshaft)

OHV    Hängende Ventile – oberhalb des Brennraums (engl.: Overhead Valves)

OMxyz   Bezeichnung für Dieselmotoren der Daimler AG. OM steht für Ölmotor, historische Bezeichnung für den Diesel

OT      Oberer Totpunkt

P       Leistung

Pkw     Personenkraftwagen

PM      Particulate Matter (engl.) – Partikel, Feinstaub

PM10    Alle Partikel, die kleiner $10\,\mu m$ sind

PS      Pferdestärke, Einheit der Leistung (keine SI-Einheit) – $1\,PS = 735{,}5\,W$

Q       Wärme, Energie in Form von Wärme

R       Gaskonstante

S       Entropie

SCR     Selektive katalytische Reduktion, chemischer Prozess zur Abgasnachbehandlung (engl.: Selectiv catalytic reduction)

SI      Steht für Internationales Einheitensystem

T       Temperatur (in Kelvin oder °C)

U       Innere Energie

U/Min   Umdrehungen pro Minute; Winkelgeschwindigkeit

UT      Unterer Totpunkt, auch Abkürzung für Stuttgart-Untertürkheim, der Wiege des Automobils

V       Volumen

V       Volt, Einheit der elektrischen Spannung

VTG    Variable Turbinen-Geometrie (beim Turbolader)

W      Mechanische Arbeit bzw. mechanische Energie

$W_{kin}$    Kinetische Energie (Bewegungsenergie)

$W_{pot}$    Potentielle Energie (Lageenergie)

W      Watt, Einheit der Leistung

Wh     Wattstunde, Einheit für die Energie – vgl. die gebräuchlichere kWh

WHR    Verlustwärmenutzung, (engl.: Waste Heat Recovery)

WHSC   World Harmonized Stationary Cycle (engl.) – Testverfahren für die Abgasgesetzgebung, folgt ESC nach

WHTC   World Harmonized Transient Cycle (engl.) – Testverfahren für die Abgasgesetzgebung, folgt ETC nach

## Kleine griechische Buchstaben

$\alpha$      Winkel

$\beta$      Winkel

$\gamma$      Winkel

$\delta$      Winkel

$\epsilon$      Verdichtung des Motors $\epsilon = V_{max}/V_{min}$

$\lambda$      Luftzahl, dimensionsloses Verhältnis der Luftmasse im Brennraum zur Luftmasse, die für eine vollständige Verbrennung stöchiometrisch erforderlich wäre.

$\lambda_s$      Pleuelstangenverhältnis

$\mu$      Reibwert, manchmal auch $\mu_k$ Kraftschlussbeiwert

$\mu$      steht für Mikro $= 10^{-6} =$ Millionstel

$\eta$      Wirkungsgrad

$\eta_{th}$      Thermischer Wirkungsgrad

$\eta_{Carnot}$      Wirkungsgrad des Carnotprozesses

$\rho$      Dichte

$\phi$      Winkel

$\omega$      Winkelgeschwindigkeit

$\omega$      Drehzahl

## Große griechische Buchstaben

$\Phi$      Volldruckverhältnis oder Einspritzverhältnis beim Gleichdruck- und beim Seiligerprozess

$\Psi$      Druckverhältnis beim Seiligerprozess

$\Theta$      Temperatur

# Literatur

## Allgemeine Lehrbücher

1. Merker, G.: Verbrennungsmotoren – Simulation der Verbrennung und Schadstoffbildung, 3. Aufl. B. G. Teubner Verlag, Wiesbaden (2006)

2. Geller, W.: Thermodynamik für Maschinenbauer – Grundlagen für die Praxis, 4. Aufl. Springer Verlag, Berlin Heidelberg New York (2006)

3. Robert Bosch GmbH (Hrsg.): Kraftfahrtechnisches Taschenbuch, 24. Aufl. Vieweg Verlag, Braunschweig/Wiesbaden (2002)

4. van Basshuysen, R., Schäfer, F.: Handbuch Verbrennungsmotor – Grundlagen, Komponenten, Systeme, Perspektiven, 7. Aufl. Springer Vieweg, Wiesbaden (2015)

5. Hilgers, M.: Nutzfahrzeugtechnik lernen – Getriebe und Antriebsstrangauslegung. Springer-Vieweg, Berlin Heidelberg New York (2016)

6. Hilgers, M.: Nutzfahrzeugtechnik lernen – Kraftstoffverbrauch und Verbrauchsoptimierung. Springer-Vieweg, Berlin Heidelberg New York (2016)

7. Hilgers, M.: Nutzfahrzeugtechnik lernen – Alternative Antriebe und Ergänzungen zum konventionellen Antrieb. Springer-Vieweg, Berlin Heidelberg New York (2016)

## Fachartikel

8. Heil, B., Schmid, W., et al.: Die neue Dieselmotorenbaureihe für schwere Nutzfahrzeuge von Daimler. MTZ Motortechnische Zeitschrift **1**(2009), 16 (2009)

9. Tat, M.E., Van Gerpen, J.H.: Measurement of biodiesel speed of sound and its impact on injection timing (2003). National Renewable Energy Laboratory NREL/SR-510-31462 February 2003

10. Joint fuel injection equipment (fie) manufacturers: Fuel requirement for Diesel fuel injection systems – Diesel fuel injection equipment manufacturers common position statement 2009 (2009). Sept. 2009

11. VDI: Hüttlin-Kugelmotor. VDI Nachrichten **28/29**, 12 (2011)

12. Spicher U.: Optimierung der Verbrennung im Nutzfahrzeugmotor. MTZ Motortechnische Zeitschrift, Jubiläumsausgabe 75 Jahre MTZ, 78 (2013)

13. Mercedes-Benz: Einführung Motor OM471 und ABgasnachbehandlung – Einführungsschrift für den Service (2011). Bestell-Nr. 6517 1260 00

14. Mercedes-Benz: Betriebsanleitung OM470, OM471 und OM473 Euro VI (2015). Bestell-Nr. 6462 9856 00

15. MAN: MAN stellt Euro 6 Abgastechnologie für Lkw und Reisebusse vor (2011). Pressemitteilung zur IAA, 18.09.2012

16. Scania: Scania Euro 6 – erste Motoren bereit für den Markt. (2011) Pressemitteilung von Scania, 31. März 2011

17. Behr: Thermomanagement zur Reduzierung von Emissionen und Verbrauch bei Nutzfahrzeugen. (2010) Technischer Pressetag 2010 und Broschüre dazu

18. Umweltbundesamt: Häufig gestellte Frage zum Thema Stickstoffoxide ($NO_x$) – und Antworten darauf (2013). http://www.umweltbundesamt.de/luft/schadstoffe/downloads/faq_nox.pdf, Zugegriffen: Februar 2013

19. CAFE Working Group on Particulate Matter: Second Position Paper on Particulate Matter (2004). December 20th, 2004

20. Umweltbundesamt: Feinstaubbelastung in Deutschland, Mai 2009 (2009). Presse-Hintergrundpapier

21. Umweltbundesamt: Abgasgrenzwerte für Lkw und Busse (2013). Tabelle zum Download auf den Internetseiten der Umweltbundesamtes. http://www.umweltbundesamt.de, Zugegriffen: Januar 2013

# Sachverzeichnis

**A**
Abgasrückführung, 41
AdBlue, 42
Adiabatisch, 53
Ammoniak, 42
Ammoniak-Schlupf-Kat, 45
Ausgleichswelle, 15
Auspuffklappe, 19

**B**
Biomasse, 6
Blow-by-Verluste, 65
Bohrung, 13

**C**
Carnotprozess, 54
Carnotwirkungsgrad, 55
Commonrail-System, 31, 32

**D**
Dauerbremssysteme, 18
Dekompressionsbremse, 19
Desachsierung, 16
Dieselkraftstoff, 5
Dieselpartikelfilter, 43
Dieselprozess, 59

**E**
Einspritzdruck, 30
Einspritzdüse, 32
Einspritzsystem, 29
Emissionen, 39
Endschalldämpfer, 35
Energie, innere, 48
Energiedichte, 5
Entropie, 48

**G**
Gas, ideales, 49
Gemisch
    fettes, 7
    mageres, 7
Gleichdruckprozess, 59
Gleichraumprozess, 57

**H**
Hauptsatz der Thermodynamik
    erster, 47
    zweiter, 48
Hub, 14
Hubraum, 14

**I**
Isentrop, 53
Isobar, 52
Isochor, 49, 51
Isotherm, 52

**J**
Jake Brake, 19

**K**
Katalysator, 42
Kipphebel, 17
Kohlendioxid, 5
Konstantdrossel, 19
Kraftstofffförderpumpe, 29
Kraftstoffsystem, 29
Kreisprozess, 54
Kühlsystem, 25
Kurbeltrieb, 9, 12

**L**
Ladeluftkühler, 37

Luft, 7
Luftansaugung, 25
Luftfilter, 27
Luftmangel, 7
Luftüberschuss, 7
Luftzahl, 7

**M**
Massenkräfte, 15
Motorblock, 9
Motorbremse, 18
Motorstaubremse, 19

**N**
Nockenwelle, 17
    innenliegende, 11

**O**
Ölkreislauf, 20
Ölpumpe, 20
Ölwanne, 9, 20
Ottoprozess, 57
Oxidationskatalysator, 44

**P**
Packaging, 23
Partikel (PM), 41
Pleuelstangenverhältnis, 12
Pumpe-Düse-System, 31

**R**
Rädertrieb, 18
Reduktions-Reaktion, 42
Regeneration
    aktiv, 44
    passiv, 44
Reibung, 65
Reinluft, 28
Rohemissionswerte, 35

**S**
Sauerstoff, 7

Schmierstoffschema, 21
Schränkung, 16
Schubstangenverhältnis, 12
Schwinghebel, 17
SCR, 42
Seiligerprozess, 62
Seite
    kalte, 10
    warme, 10
Selbstzünder, 4
Stickoxide, $NO_x$, 40
Stöchiometrie, 7
Stoßstange, 17

**T**
Thermodynamik, 47
Turbocompounding, 38
Turbolader, 35

**V**
Ventile, 17
Verbrennungsmotor, 3
Verdichterrad, 35
Verdichtung, 14
Viertaktprinzip, 3
V-Motor, 12
Volldruckverhältnis, 60
VTG-Ladern, 38

**W**
Wärmekapazität, spezifische, 50
Wärmelehre, 47
Wärmeverluste, 65
Wastegate, 38
Wirkungsgrad, 54

**Z**
Zündverzug, 32
Zündwilligkeit, 6